Elisabeth Blum

Ein Haus, ein Aufruhr

Softcover reprint of the hardcover 1st edition 1997

Der Verlag ist ein Unternehmen der Bertelsmann Fachinformation GmbH.

Gestaltung: Elisabeth Blum, Zürich
Umschlagvorderseite: Foto Djurdja Petrina
Umschlagrückseite: Foto Bart Gijzen
Druck und buchbinderische Verarbeitung: Lengericher Handelsdruckerei, Lengerich

ISBN 978-3-528-08142-3 ISBN 978-3-322-83158-3 (eBook)
DOI10.1007/978-3-322-83158-3

ese Studie geht auf eine ährend meiner Tätigkeit an der chitekturabteilung der ETH rich veranstaltete Seminarwoche rück. Mein Dank gilt meiner da-aligen Lehrstuhlasistentin, nnette Spiro, und allen Studentin-n und Studenten, die teilgenom-en haben, insbesondere denjeni-n, die Fotos, Zeichnungen und ollagen für diese Publikation bei-steuert haben:
atéi Agarici,
ndra Dietschi,
ank Felix,
rt Gijzen,
atrice Hirschi,
kas Huggenberger,
mon Joller,
atthias Kohler,
artin Lerjen,
ndré Meyer-Hans,
urdja Petrina,
adine Reichmuth,
bine Rosenthaler,
aspar Schärer,
n Schläpfer,
s Spichtig,
a Zimmermann;
den Komponisten und Musiker hn Wolf Brennan, der ein Stück r Solovioline zum großen Raum t der goldenen Wand kompo-ert und es an Ort und Stelle hat aufführen lassen;
die Architekturabteilung der H Zürich, die das Projekt unter-ützt hat,
wie an Rolf Fehlbaum (Vitra, eil am Rhein), der uns den Zu-ng zum Feuerwehrhaus großzü-gerweise eine Woche lang ge-ährt hat, bei Tag und bei Nacht.

April 1997
sabeth Blum

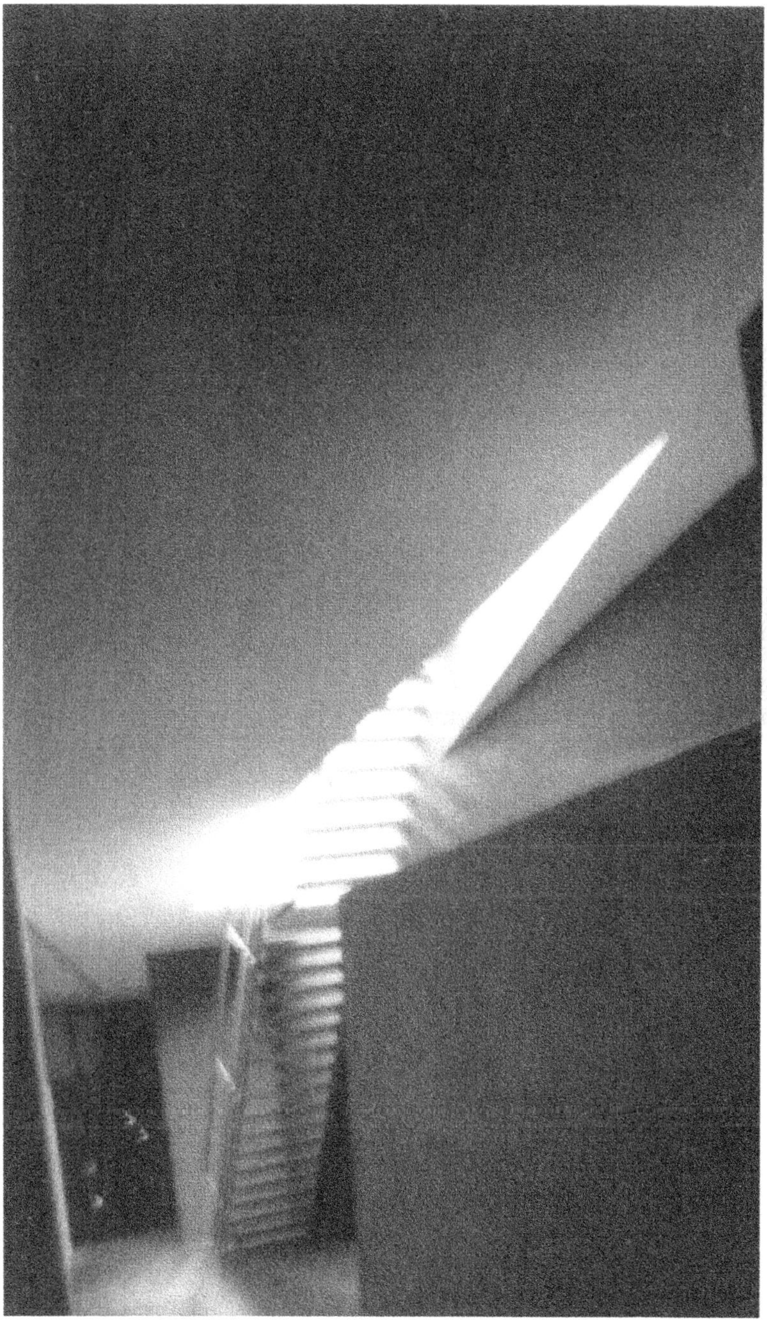

Wir wollen Architektur, die mehr hat. Architektur, die blutet, die erschöpft, die dreht und meinetwegen bricht. Architektur, die leuchtet, die sticht, die fetzt und unter Dehnung reißt. Architektur muß schluchtig, feurig, glatt, hart, eckig, brutal, rund, zärtlich, farbig, obszön, geil, träumend, vernähend, verfernend, naß, trocken und herzschlagend sein. Lebend oder tot. Wenn sie kalt ist, dann kalt wie ein Eisblock. Wenn sie heiß ist, dann so heiß wie ein Flammenflügel.

Coop Himmelblau, Architektur ist jetzt, Stuttgart 1983, S.91

1

„Architektur muß brennen"[1], verkündet Coop Himmelblau im Jahre 1980. Dreizehn Jahre später beweist Zaha Hadids Feuerwehrhaus in Weil am Rhein, daß Architektur auch heute noch die Fachwelt in Aufruhr versetzen kann.

Ihr ‚Flammenflügel' ist nicht nur feurig, glatt, eckig, farbig, obszön, geil, naß, trocken, er versteht auch exzellent die „Kunst des Schürens"[2], feuert an, weckt brutale, ärgerliche, zärtliche, träumende Gedanken, läßt das Herz höher schlagen und den Verstand immer wieder eintrocknen zwischendurch.

Nicht nur brennt das Feuerwehrhaus die Grenzen der üblichen Untersuchungsmittel von Architekten nieder, durch die Zurückweisung mitgebrachter Vorstellungsbilder darüber, wie Architektur auszusehen habe, wie sie zu verstehen und zu beurteilen sei, fordert es auch die Reichweite des eigenen ‚Flammenwerfens' heraus. So bleibt nur, von wechselnden Orten aus, den Widersprüchen der wilden Teile dieser Konstruktion zu folgen, sie zu begreifen zu suchen und gedanklich weiterzutreiben. Das Haus zwingt Wahrnehmung und Denken, aus

Man kann nur das erforschen, wovon man vorher geträumt hat. Die Wissenschaft entwickelt sich viel eher auf der Grundlage einer Träumerei als auf der Grundlage eines Experiments, und es bedarf sehr vieler Experimente, um die Nebel eines Traumes aufzulösen.

Gaston Bachelard

den im voraus abgesteckten Grenzen des architektonischen Sehens auszubrechen, es bringt sie „auf der Linie des leidenschaftlichen Blicks"[3] zum Ausufern, zum Träumen, zum Delirieren.

Bis zu dieser Kunst haben unsere Überlegungen und Experimente vielleicht nicht geführt, aber zu einer Ahnung davon, was Bachelard vor Augen gehabt haben mag, als er, Valéry zitierend, die Feuerkünste als „Kampf des Menschen mit der Form" schildert und sagt, daß es nötig sei, „jenen *Punkt* des Feuers zu erfassen, der einer Substanz den Stempel aufdrückt, wie den *Moment* einer Liebe, die ein Dasein zu dem macht, was es ist"[4].

Was macht das Feuerwehrhaus zu dem, was es ist? Was macht es so faszinierend, so bewegend, und was läßt es gleichwohl so mühevoll und auch erschöpfend erscheinen?

2

Die ersten Auffälligkeiten liegen in der ungewöhnlichen und ungewohnten Verknüpfung von Wahrnehmung und Sprache. Sehen und über das Gesehene Sprechen gehen hier nicht die geläufige Verbindung ein. Das Verhältnis

Sprache ist ein Labyrinth von Wegen. Du kommst von einer Seite und kennst dich aus; du kommst von r andern zur selben Stelle, und kennst dich nicht mehr aus. — *Ludwig Wittgenstein*

zwischen beiden ist aus der automatisierten Harmonie geraten. Die Verknüpfung wird verzerrt. Das effiziente Verhältnis zwischen beiden hat sich aufgelöst zugunsten neuer oder unerwarteter Hindernisse im Einschätzen und sprachlichen Festhalten der architektonischen Elemente und ihres Zusammenspiels. Und sowohl das Sehen als das Sprechen-darüber unterliegen plötzlich einer anderen Schwierigkeit und Dauer, Ausdruck des erschwerten Zueinanderfindens. Eingeübte Analysemethoden, vorgegebene, übernommene formale Etikettierungen, die nur als Rückspiegel der eigenen Projektionen dienen, richten bei Zaha Hadids Feuerwehrhaus nicht viel aus. Hier wird genau das aufs Spiel gesetzt, was Dewey „effektiv zu handeln" nennt, „ohne dabei eine bewußte Erfahrung zu machen"[5], nur eine andere Formulierung für die auf schnelle Identifikation setzende Kommunikation im Umgang mit den alltäglichen Dingen, die zwischen uns und der Realität ein Gleitverhältnis statt eines Reibungsverhältnisses installiert.

Die Ergebnisse der Philosophie sind die Entdeckung irgendeines schlichten Unsinns und Beulen, die sich der Verstand beim ennen an die Grenze der Sprache geholt hat. Sie, die Beulen, lassen uns den Wert jener Entdeckung erkennen.

Ludwig Wittgenstein

Nicht einmal das Benennen der einzelnen Bauteile, der Versuch, Widerspenstiges in Wörtern oder Namen einzufangen, ein sonst probates

Etwas benennen, das ist etwas Ähnliches, wie einem Ding ein Namenstäfelchen anheften.

Ludwig Wittgenstein

Mittel, um ungewöhnlichen Situationen schnell auf die Schliche zu kommen, ist einwandfrei zu bewerkstelligen.

Das Wort „Sprachspiel" soll hier hervorheben, daß das Sprechen der Sprache ein Teil ist einer Tätigkeit, oder einer Lebensform.

Ludwig Wittgenstein

Wir „werden erzogen, abgerichtet dazu, zu fragen: ‚Wie heißt das?' – worauf dann das Benennen erfolgt"[6], sagt Wittgenstein und nennt diese Art der Abrichtung, eines der vielen möglichen Sprachspiele, eine primitive Form der Sprache.[7] Für Dewey ist die Reaktion auf diese Abrichtung, das Wiedererkennen, nur ein Rückfall in ein Stereotyp, ein zu schnelles Finden, als daß man dabei noch wachsam sein könnte. Gibt es „keinen genügenden Widerstand" zwischen Alt und Neu, so entstehe „kein Bewußtsein von der gemachten Erfahrung"[8]. So kommt er zu seiner radikalen Feststellung: „Die Identifikation dagegen nickt und geht weiter."[9]

Die Identifikation dagegen nickt und geht weiter. Oder sie stellt einen einzelnen, flüchtigen Moment dar, einen toten Punkt in der Erfahrung, der lediglich ausgefüllt wird. Das Ausmaß, in welchem der Lebensprozeß, gleich, an welchem Tag oder zu welcher Stunde, auf die Abstempelung von Dingen und Ereignissen als so oder so, in ihrem bloßen Nacheinander reduziert sind, zeigt an, dass das Leben aufgehört hat, bewußte Erfahrung zu sein.

John Dewey

Es ist jedoch erstaunlich, wie weit es die Abrichtung aufs Benennen der Teile in der Architekturbetrachtung gebracht hat. Abrichtung und Identifikation sind die schillernden Stars auf dem Parkett der Auseinandersetzungen. Um so erstaunlicher, wenn von Zeit zu Zeit ein Haus gebaut wird, das dieses ‚Sprachspiel' außer Kraft setzt. Die Identifikation nickt nicht mehr,

Der Tatbestand des bloßen Wiedererkennens ist dann erfüllt, wenn ein entsprechendes Aushängeschild oder ein Etikett angeheftet wird.

John Dewey

Die Art der Sicherheit ist die Art des Sprachspiels.

Ludwig Wittgenstein

sie kann nicht weiter, sie wendet sich uninteressiert ab oder stolpert. Der Sturz verwandelt sie in Aufmerksamkeit. Jetzt beginnen Hinschauen, Bemerken, Untersuchen, Vergleichen. „Ich betrachte ein Gesicht", schreibt Wittgenstein, „auf einmal bemerke ich seine Ähnlichkeit mit einem andern. Ich *sehe,* daß es sich nicht geändert hat; und sehe es doch anders. Diese Erfahrung nenne ich ‚das Bemerken eines Aspekts'". Im „Aufleuchten des Aspekts" nehme man nicht die Eigenschaften eines Objekts wahr, sondern „eine interne Relation zwischen ihm und anderen Objekten"[10].

So ergeht es einem, wenn man mit Blicken und Füßen durch Zaha Hadids Feuerwehrhaus streift.

Die architektonischen Elemente, ihr Zusammenspiel, die Details verweisen auf Ähnliches, nie Gleiches, das sie in einem bestimmten Licht erscheinen läßt, in einer bestimmten Atmosphäre ansiedelt, als bestimmten Erinnerungsbildern verwandt hinstellt und doch unversehrt als eigenständige zurückläßt.

Ist es denn richtig, die gewaltig eingeritzten Spuren in der Decke als Zeichen tatsächlich erfolgter Körperverletzungen durch das Aufein-

Wenn ich in der Sprache denke, so schweben mir nicht neben dem prachlichen Ausdruck noch ‚Bedeutungen' vor; sondern die Sprache selbst ist das Vehikel des Denkens.

Ludwig Wittgenstein

anderprallen der Volumen zu deuten? Sind die schräg in der Decke eingebauten Beleuchtungen eine Hervorhebung oder Verschleierung von virtuellen ‚Nähten'? Sollen die in ihrer Front im Kies festgefahrenen, stummen, schweren Betonvolumen an auf Sandbänken aufgelaufene Schiffe erinnern? Das im nächtlichen Regenglanz aufscheinende Volumen mit den fernen Lichtern im Hintergrund an eine Fahrt in Küstennähe? Der nächtlich erleuchtete untere Raum an eine über einen nicht erkennbaren Hintergrund gespannte schwebende Haut oder Schnittfläche? Der schiefe Außentisch an das Schwindligwerden bei Sturm, wo die Schiefen der Meeresoberfläche die eigene Welt der Rechtwinkligkeit aufheben?

Ein Bild hielt uns gefangen. Jnd heraus konnten wir nicht, denn es lag in unsrer Sprache, und sie schien es uns nur unerbittlich zu wiederholen.

Ludwig Wittgenstein

3

Doch gibt es nicht nur die höchst widersprüchlichen Reize dieses Objekts. Die Herausforderungen besitzen ein doppeltes Gesicht. Und Wittgensteins Begriff „Aspektwechsel" kennzeichnet beide: Er verweist sowohl auf die Potenz des Objekts, die Aufmerksamkeit zum Konstruieren anderer möglicher Relationen zu

Eine Art der Aspekte könnte man ‚Aspekte der Organisation' nennen. Wechselt der Aspekt, so sind Teile des Bildes zusammengehörig, die früher nicht zusammengehörig waren.

Ludwig Wittgenstein

verführen, aus denen jeweils neue, erstaunliche Wahrnehmungen zur unveränderten ersten hinzukommen, als auch auf die Fähigkeit der Wahrnehmenden, diesen Verführungen zu folgen, das Vorgefundene assoziativ zu bereichern, die Untersuchungen so weit zu treiben, daß Vexierbilder[11] Identifikationen scheitern lassen. Eine durch Vorstellung oder ‚objektive', kühl distanzierte Beobachtung ersetzte Erfahrung, die das Subjekt als autonomes und seine Äußerungen als sachliche beläßt, gerät angesichts dieses Werks in Bedrängnis. Anders gesagt, der professionelle Blick, der identifiziert und einordnet, reicht nicht aus, seine Projektionen prallen ab und werden zurückgeworfen.

Das provoziert, bringt in Erregung, emotionalisiert[12] erkaltete Vorstellungen, schmilzt sie ein und produziert eine Unruhe, die sich Wege, oder präziser, Auswege in ein anderes Begreifen sucht.

Dewey würde sagen, das Wiedererkennen sei der Perzeption gewichen, oder die zum Stillstand gekommene Wahrnehmung habe Gelegenheit gefunden – besser noch, werde gezwungen –, sich frei zu entfalten. Und plötzlich, wenn es um wache Betrachter geht, kom-

Denn um zu perzipieren, muß der Betrachter Schöpfer seiner eigenen Erfahrung sein.

John Dewey

Die moralische Funktion der Kunst besteht im Beseitigen von Vorurteil, die Schuppen entfernen, die das Auge vom Sehen abhalten, die Schleier wegreißen, die Gewohnheit und Brauch geschuldet sind, und die Kraft wahrzunehmen vervollkommnen.

John Dewey

men bei Dewey ganz andere Begriffe ins Spiel der Untersuchungen: frisches und lebendiges Bewußtsein, „Mitwirkung von Antriebselementen", „ganz und gar von Emotion" durchdrungenes Objekt, Furcht, Energie, „Lernzeit", „Inkubation", „Umwandlung von Widerständen und Spannungen", „Auffliegen und Sichniederlassen"[13].

Hier wird das gewohnte Verhältnis von Subjekt und Objekt auf den Kopf gestellt. Untersuchungsgegenstand ist nicht mehr nur das ästhetische Objekt, sondern ebenso das Verhalten des untersuchenden Subjekts, seine Voraussetzungen für ästhetische Erfahrungen, Auflösung und Neukonstitution seiner Verfaßtheit, seine Potenz an Brennstoff, „die Wärme des Interesses", die „Schuppen [...], die das Auge vom Sehen abhalten"[14].

Deweys „Schuppen" oder der professionalisierte Blick gleichen Wittgensteins „Idee", die „als Brille auf unsrer Nase"[15] sitzt und durch die wir sehen, was wir ansehen, oder durch die wir das, was wir sehen, so sehen, wie wir es sehen. Zaha Hadids Haus besitzt gerade deswegen besondere Kräfte, weil es uns nach einiger Zeit dazu zwingt, untaugliche Brillen zu bemerken

Aus einem Antrieb kann allein dann Ausdruck werden, wenn er Erschütterungen und Unruhen ausgesetzt wird. [...] Unruhe kennzeichnet den Ort, an dem der innere Antrieb und der Kontakt mit der Umwelt zusammentreffen und eine Gärung in Gang setzen – sei es in der Wirklichkeit oder in der Vorstellung.

John Dewey

und sie abzunehmen. Es verwandelt das Sehen, das nur ein ‚Nicken' ist, in ein Sehen, das ein Tun ist und auf einer Verstrickung mit dem Gesehenen beruht.

Was dieser Architektur den Stempel aufdrückt, ist, daß sie ein Denken provoziert, das mit dem In-Bewegung-Bringen seiner Begriffe und des schon Gedachten das In-Bewegung-Bringen der neugierigen Subjekte selbst einschließt – deren je eigene Grenzen der Fähigkeit, den Blick und das Erblickte auf ihr begriffliches Repertoire hin abzustimmen oder zu manipulieren, werden aufdringlich deutlich –, ein in gewissem Sinne im Stich gelassenes und folglich ‚interesseloses' Denken, das seine Aufmerksamkeit mangels Identifikationsmomenten zuerst einmal zwingt, unvoreingenommen auszuschweifen und sich erst dann erneut auszurichten, wenn ein mögliches, noch unsicheres Ziel auftaucht.

Wie?

Vorerst ist leicht einzusehen, daß dieses Denken eine zweischneidige Angelegenheit ist, ein Denken, das, erst einmal in Bewegung gesetzt, eben gerade kein Garant für schnelle Antworten sein kann.

Die ersten Kontakte, die Momente des Herumgehens und Herumsuchens nach Orten, von denen aus die Untersuchungen beginnen könnten, dehnen sich immer weiter in der Zeit. Schließlich wird, was zunächst Anfangsschwierigkeiten zu sein scheinen, aufreibend, geradezu charakteristisch für den Umgang mit diesem widerspenstigen Objekt.

Nach dem Verebben der ersten Neugier: fragende Blicke. Leerstellen im Verorten-Können, im Begreifen-Wollen, stellen sich als Leerstellen im eigenen Verhalten heraus, im Mangel von Denk- oder Betrachtungsmöglichkeiten, die den Geheimnissen eines solchen Objekts auf die Spur kommen könnten.

Es gibt weder Achsen, in die man sich stellen könnte, noch eine eindeutige Hierarchie, keine klare Ordnung oder Gliederung, nicht den zentralen Raum, die herausragende Mauerscheibe oder wenigstens irgend eine postmodern verletzte symmetrische Ordnung, irgend etwas, das eindeutiger Anfangspunkt einer Untersuchung sein könnte. Die Tücken des Objekts sind tatsächlich schwerwiegend und beherrschend.

Die ersten Geh- und Denkversuche erinnern an

Roland Barthes' *Dis-cursus*[16], an ein Hin- und Herlaufen zu Fuß und im Kopf, eine Art des bedächtigen und auch nervösen, allmählichen Umkreisens des befremdlichen Objekts. Die vorherrschende Haltung schwankt zwischen Faszination und Frustration.

4

Abb. S. 45-48

Wenn der direkte Blick auf das Objekt und die Lust, es gedanklich zu erobern, an allen Seiten abprallt, wenn das Angreifen nicht gelingt, ist es möglich, den frontalen Blick durch den seitlichen zu vertauschen. Das heimtückische Objekt verliert seine königliche Rolle, es wird entthront, die Aufmerksamkeit beginnt es zu umschleichen, schaut sich um, kümmert sich um den angrenzenden Außenraum und weist dem eigentlichen Objekt den Platz an der Seite zu. Es bekommt vorläufig den Rang eines Mitspielers auf den Bühnen der Außenräume, an denen es nach seinen vier Seiten hin partizipiert, aber immerhin in der Rolle, die diese umliegenden Bühnen erst zu Räumen werden läßt, zu Räumen, die sich mit dem Ablauf der Tageszeiten unterschiedlich gebärden. Entlang der Grenzen der umgebenden Außenräume türmen

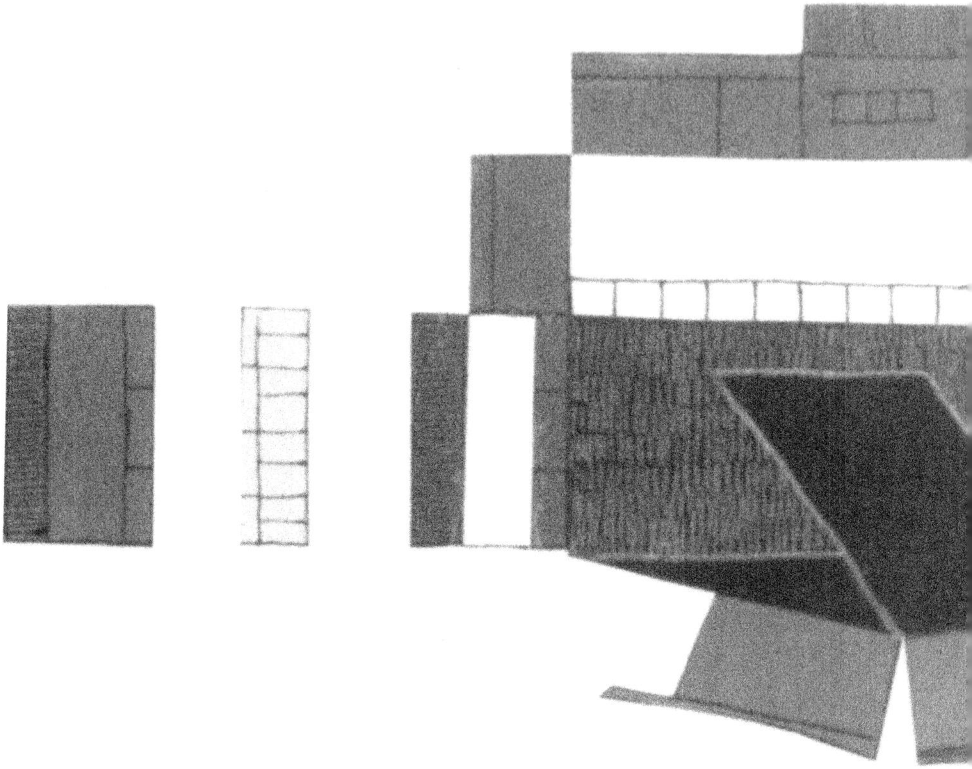

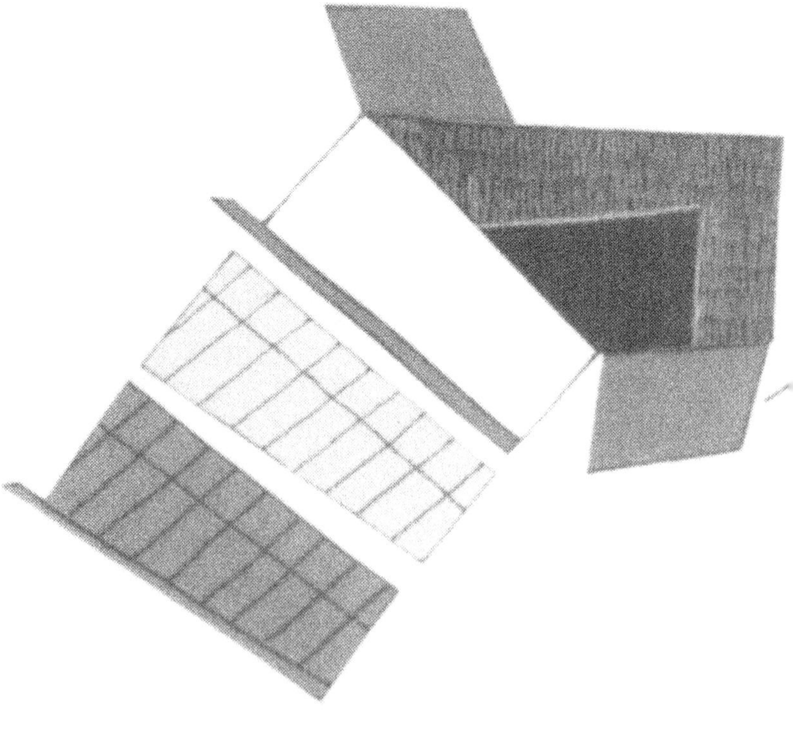

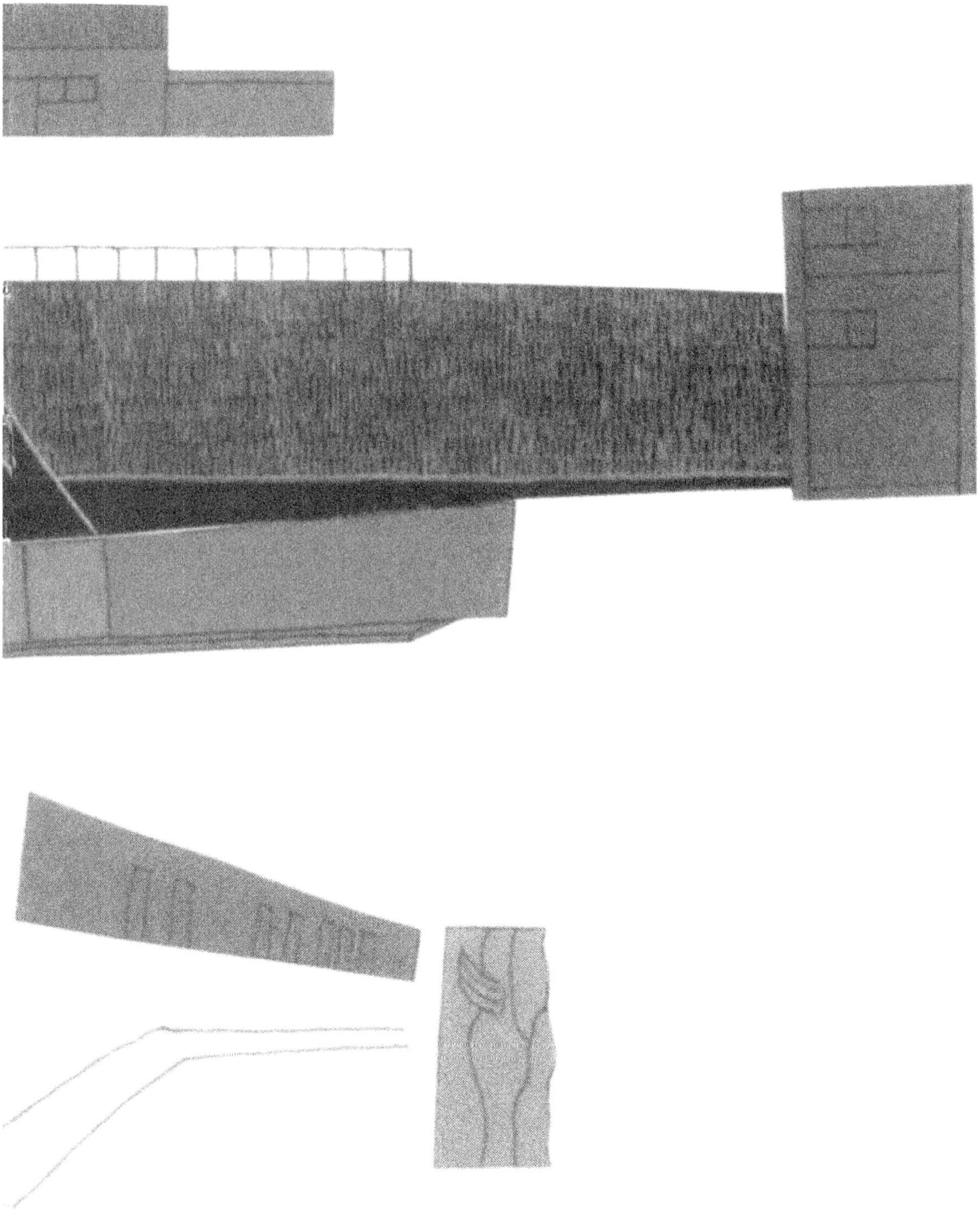

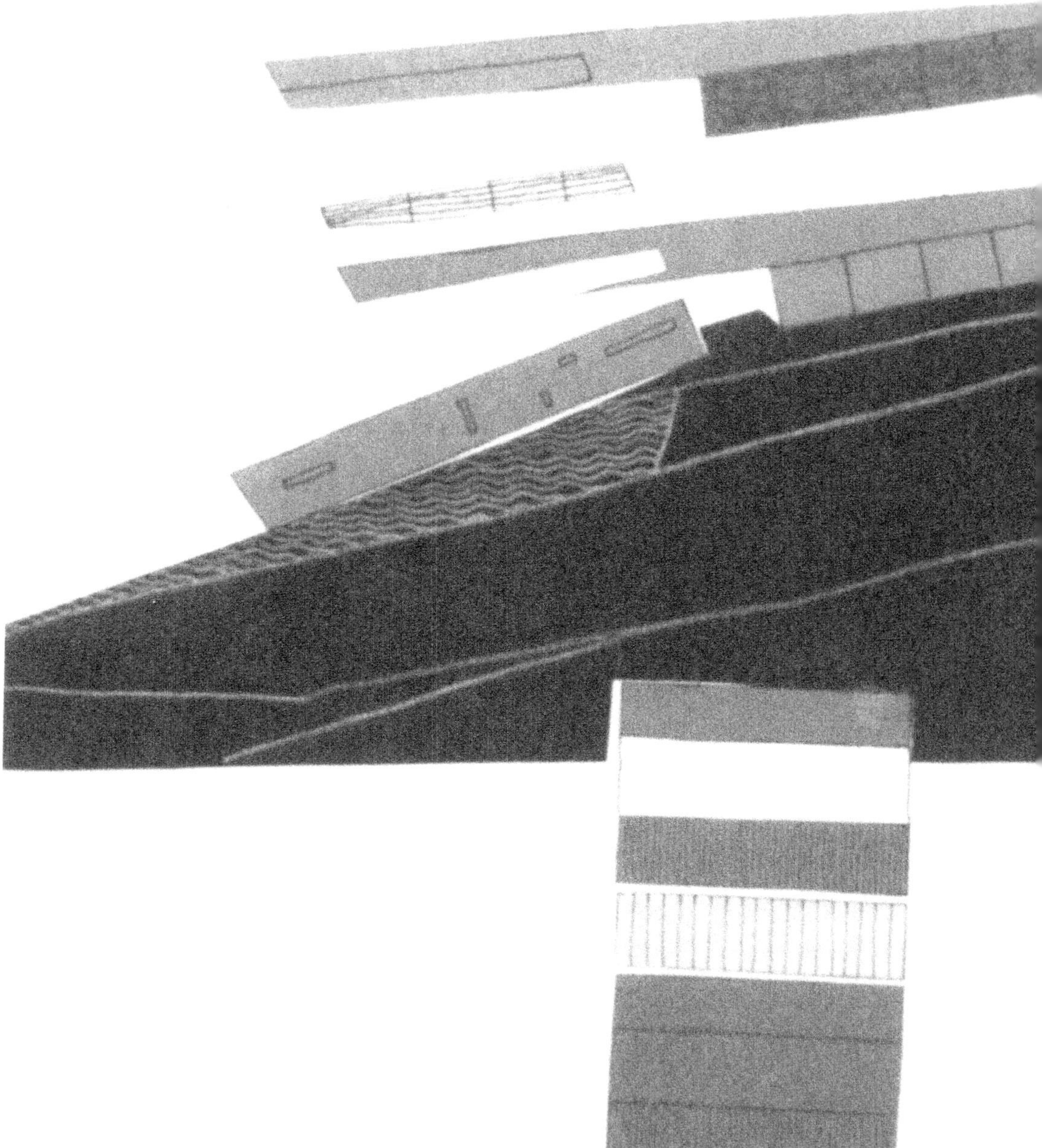

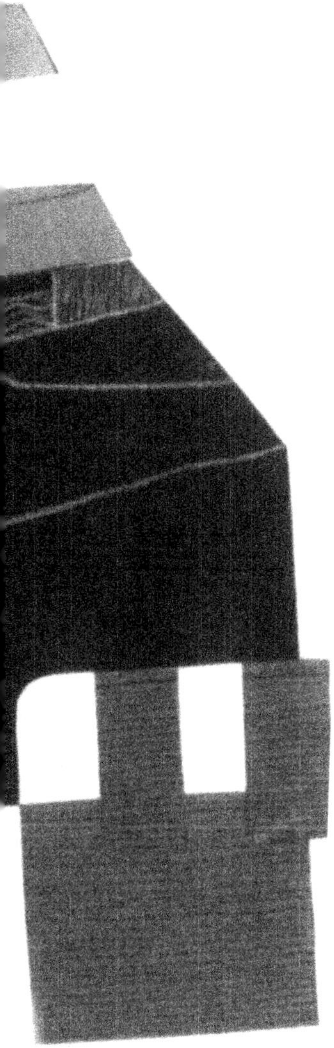

sich die Materialschichten der Fassaden, unterschieden nach fernen und nahen, massiven und transparenten, getrennt gezeigt und zusammengesetzt.

5

Immer neue Anläufe des Vorübereilens. Bruchstücke allerorten! Hingestellte, verkeilte, aufeinandergelegte, auskragende, schwebende, nicht zueinander passende Bruchstücke, die sich im Kopf nicht auf Anhieb zusammenfügen lassen, weil dazu die Denklandschaft fehlt. Assoziationen reichen immer nur bis zu den Einzelteilen. An den Nahtstellen gibt es Verletzungen noch und noch, ein grobes, arthritisches Gelenk ungefähr in der Mitte der Anlage. Schwerste Körper reiben so dicht aneinander, daß sie sich beim Stillstand um Bruchteile ihres Volumens verkeilen, ein Stück ineinandersinken. Die Fragmente auf den Skizzen sind Fragmente im doppelten Sinne: als Teile dieses Baus, aber auch als immer unfertige Teile, fragmentiert in sich selber, weil deren Einbindung in den gebauten Körper immer ein Stück ihrer selbst attackiert oder verschwinden läßt. In schnellen Skizzen spiegelt sich dies durch das Abreißen der ge-

Abb. S. 50-51

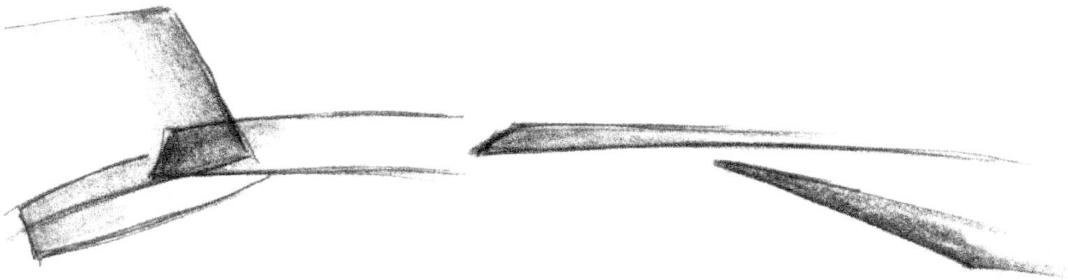

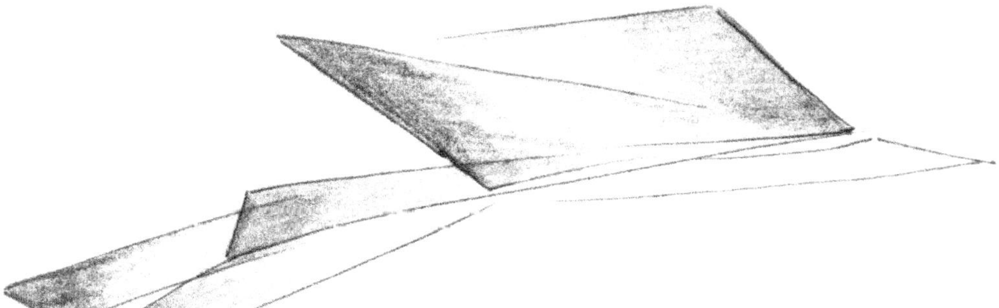

zeichneten Teile, durch ihre Unfertigkeit, zeigt sich aber auch das Scheitern des Zeichnens als eines Werkzeugs ebenso wie des Zeichners, der den präzisen Verlauf des komplizierten Verborgenen von außen nicht nachzuzeichnen vermag. Man traut dem Skizzieren in dem Moment nicht mehr, wo die vorgefundene gebaute Ordnung durch keine Vorstellung mehr ergänzt oder nachgebaut werden kann.

Beim Vorübereilen scheinen die Teile noch keine festen Verbindungen untereinander eingegangen zu sein, als ob sie die Zusammensetzung des jeweiligen Bildes, das sie aus jedem Blickwinkel dennoch abgeben, der Geschwindigkeit und der Wegspur der Vorübereilenden überlassen wollten.

Das Erscheinungsbild des Feuerwehrhauses ist oft mit einer Explosion verglichen worden. Bei genauerem Hinschauen lasse sich erkennen, daß die Bahnen der Partikel nicht denselben Ursprungsort haben.[17] Aber wie diese verstreuten Orte finden? Keine Antwort.

6

Beim Modellversuch tut sich ein unüberwindlicher Zwiespalt auf zwischen zwei Modellbe-

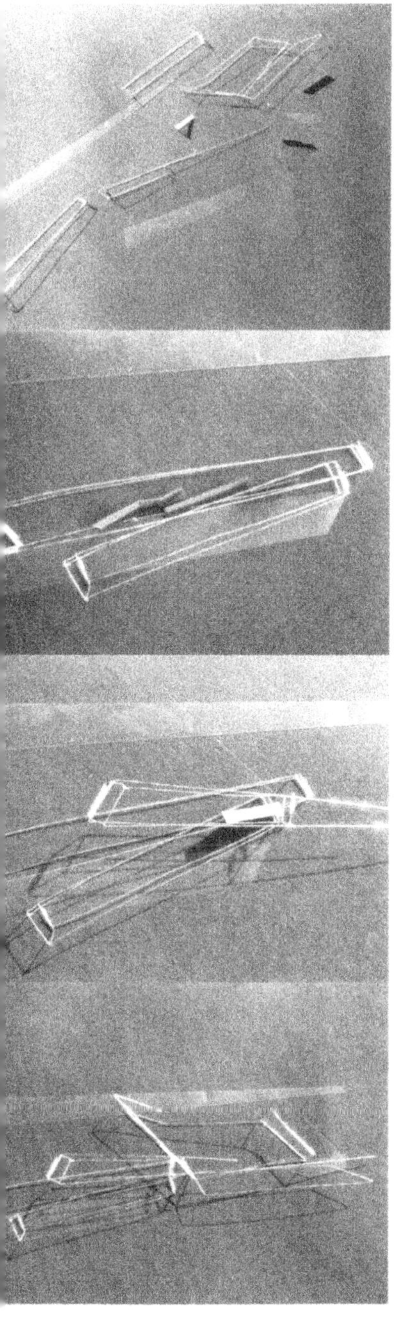

griffen: dem des Modells als Vorlage und dem des Modells als Nachbau. Das eine die Idee, die Grammatik für die Konstruktion der Wirklichkeit demonstrierend, die in diesem Fall nicht nur a priori geheimnisvollen Regeln folgt, nach denen gebaut wurde, sondern auch bis heute geheim gebliebenen. Das andere, das nachgebaute Modell, das, weil es die faszinierenden, durch das Vorlagemodell hervorgebrachten Phänomene zur Ausgangslage nimmt, immer einen Gegenbau errichten muß. Dieser Gegenbau hat seine eigene Wirklichkeit. Solange er nicht auf den dechiffrierten grammatikalischen Regeln aufbaut, bringt er seine eigenen hervor, erzeugt einen eigenen Charme, eine eigene Fremdheit. Sein Erscheinungsbild beruht auf einer Grammatik, die andere Bausteine gewählt und andere Deformationen hervorgebracht hat.

Worin besteht dennoch eine Verwandtschaft? Beziehen sich die beiden Modelle vielleicht aufeinander wie die Aufführung X eines Stücks zu dessen Textvorlage? Könnten handwerkliche Versuche des Herantastens die ersten Schritte sein, sich allmählich in einen neuen Sprachraum hinein zu bewegen?

PETRINA /06/97

7

Und verhält es sich mit dem Nachzeichnen nicht ähnlich? Sind die eingesetzten Mittel – Bleistift, Perspektive, beobachtendes und Maß nehmendes Auge, ausgefeiltes Handwerk – nicht der Grund dafür, daß hier nicht primär etwas vom Innenraum dieses Bauwerks sichtbar wird, sondern vielmehr ein Gegenbild zu ihm? Die Gesetze, die den unteren Raum zu dem machen, was er ist und was ihn von allen andern unterscheidet, sind nicht nur die Gesetze, die Abmessungen, Proportionen, Ordnungen hervorbringen, es sind auch die, die Wand nicht einfach Wand sein lassen, Oberfläche nicht einfach Oberfläche. Es sind die, die die Frage nach dem bekannten Repertoire an baulichen Elementen neu aufwerfen. Bewegungsführung und räumliche Beziehungen vervielfachen sich nicht nur durch ein komplizierteres Zusammenspiel außergewöhnlicher architektonischer Formen, die Blick und Füße sensibilisieren, sie verdichten sich zusätzlich durch eine erhöhte Präsenz ungewohnter Schlitze, Schnitte, Durchbrüche, durch Materialien und Oberflächen, die den Blick einfangen, gleiten lassen oder spiegeln. Wie sind Gesetze beschaffen,

die Bekanntes als Rätselhaftes formulieren, und wie ist ihnen auf die Schliche zu kommen?

8

Abb. S. 57-59

Blickeinfänger sind auch die Kastenelemente aus Stahlblechen, die den Fitnessraum von den Garderoben trennen. Durch ihre gezackte Form, durch Eigenbewegung der Besucher, durch Spiegelung der angrenzenden Außenräume, durch wechselndes Licht und Wetter werden sie zu weiteren Leinwänden für ständig wechselnde Bilderproduktion. Die in Zeichnungen und Photographien aufschimmernden Verfremdungen sind festgehalten in dem Bewußtsein, daß beide Medien bereits die nächste Stufe der Verfremdung zeigen. Ein Züngeln ganz materieller Art, obwohl es virtuelle, schnelle Bilder sind, physisch durch jeden Schritt und jede vorübergehende Sekunde neu am Leben erhalten.

9

Abb. S. 60-62

Wenn Grundriß- und Schnittdarstellungen, die üblicherweise Ordnungen, auch deren unsichtbare Teile, in einzelnen Schichten aufschlüsseln und transparent machen, zum untauglichen

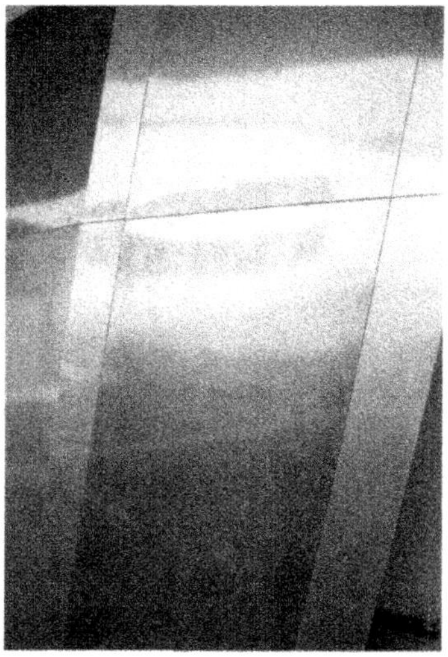

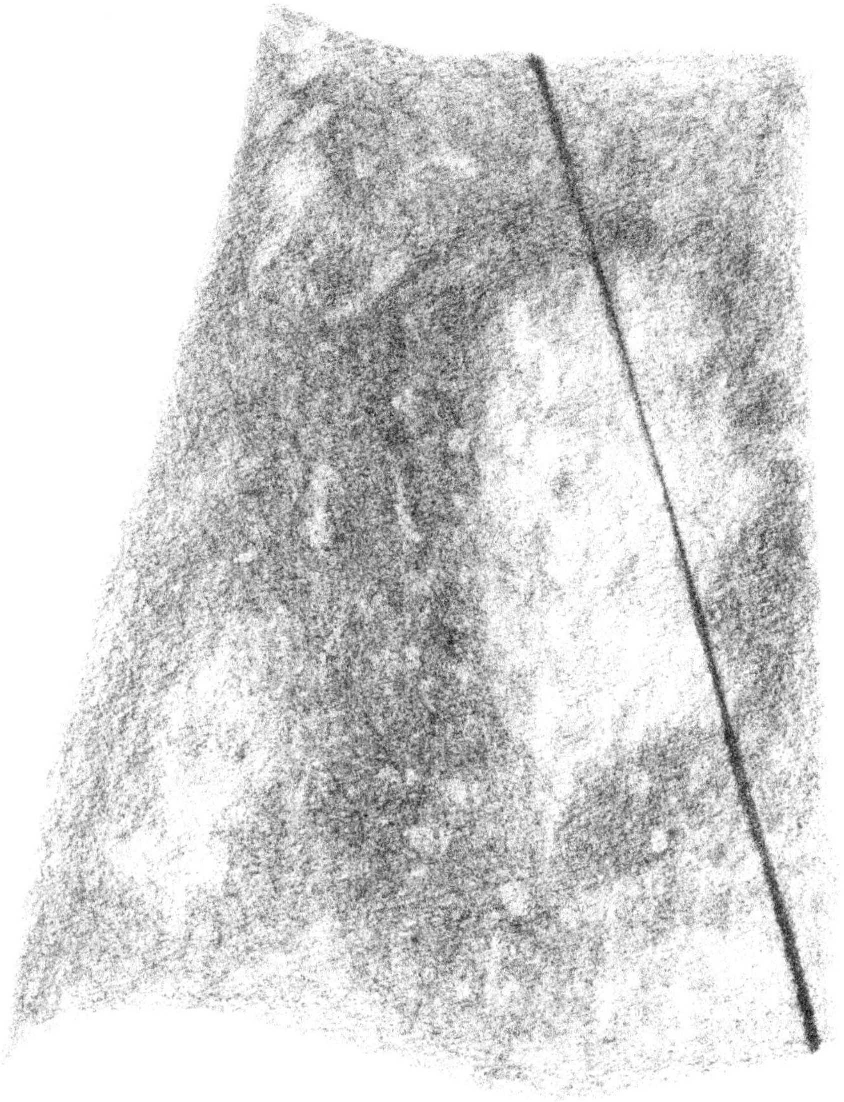

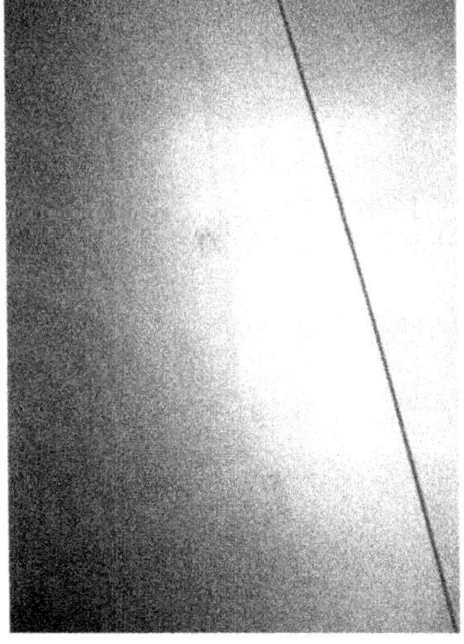

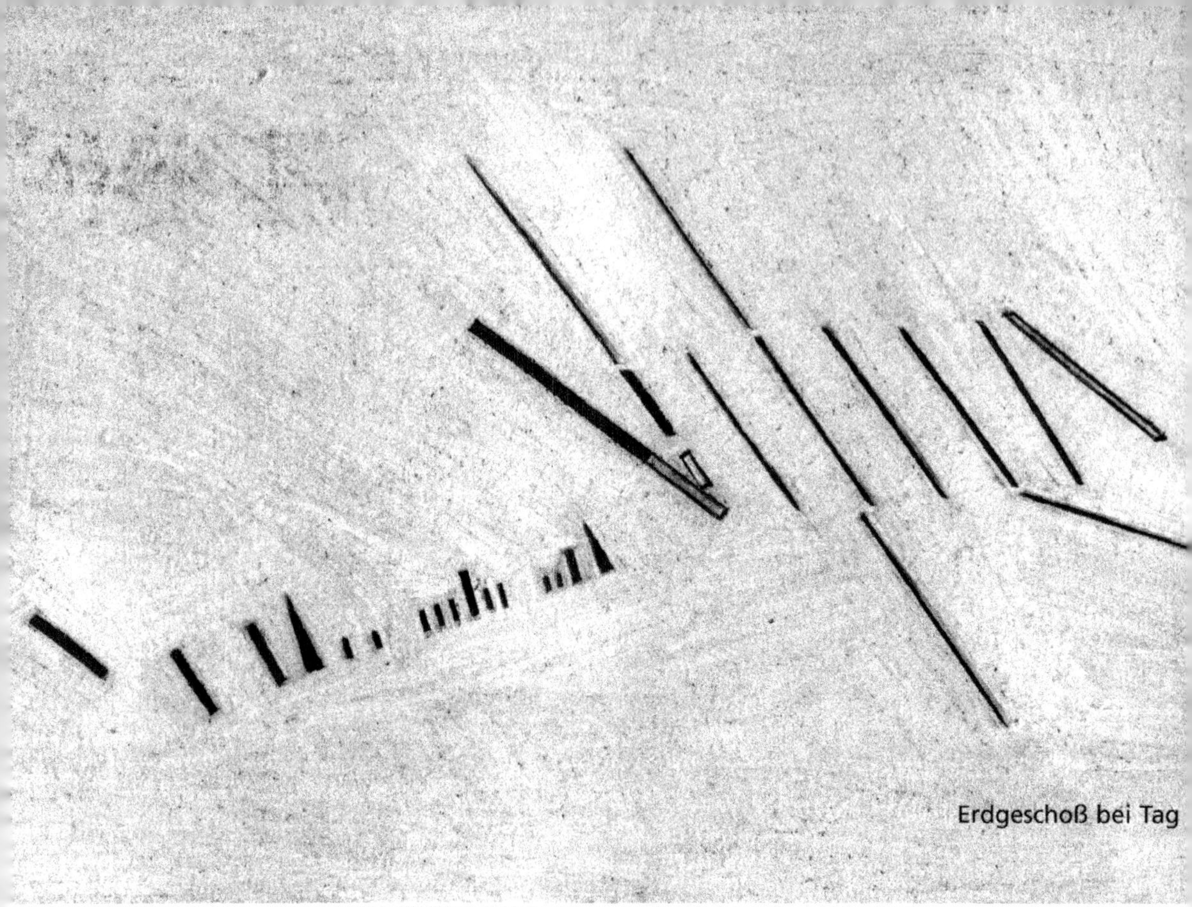

Erdgeschoß bei Tag

Obergeschoß bei Tag

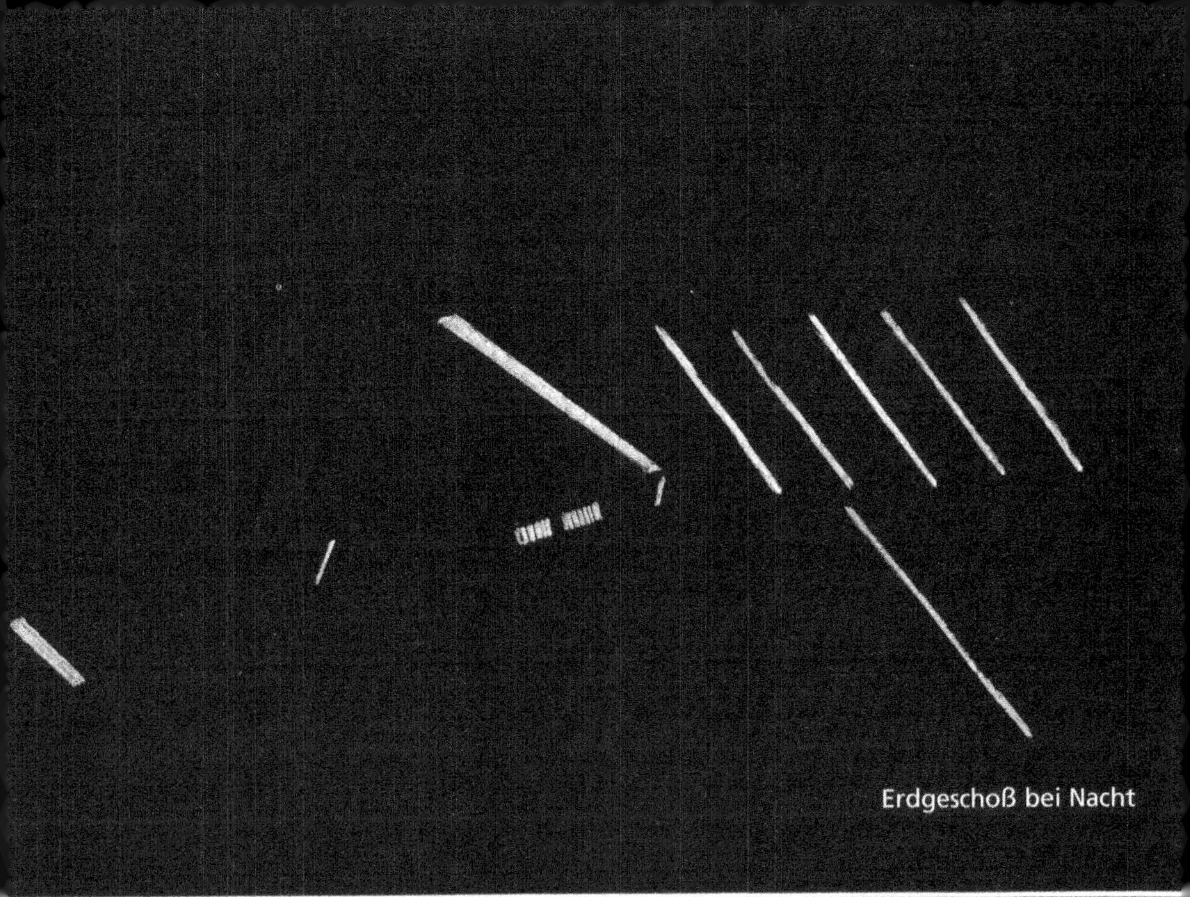

Erdgeschoß bei Nacht

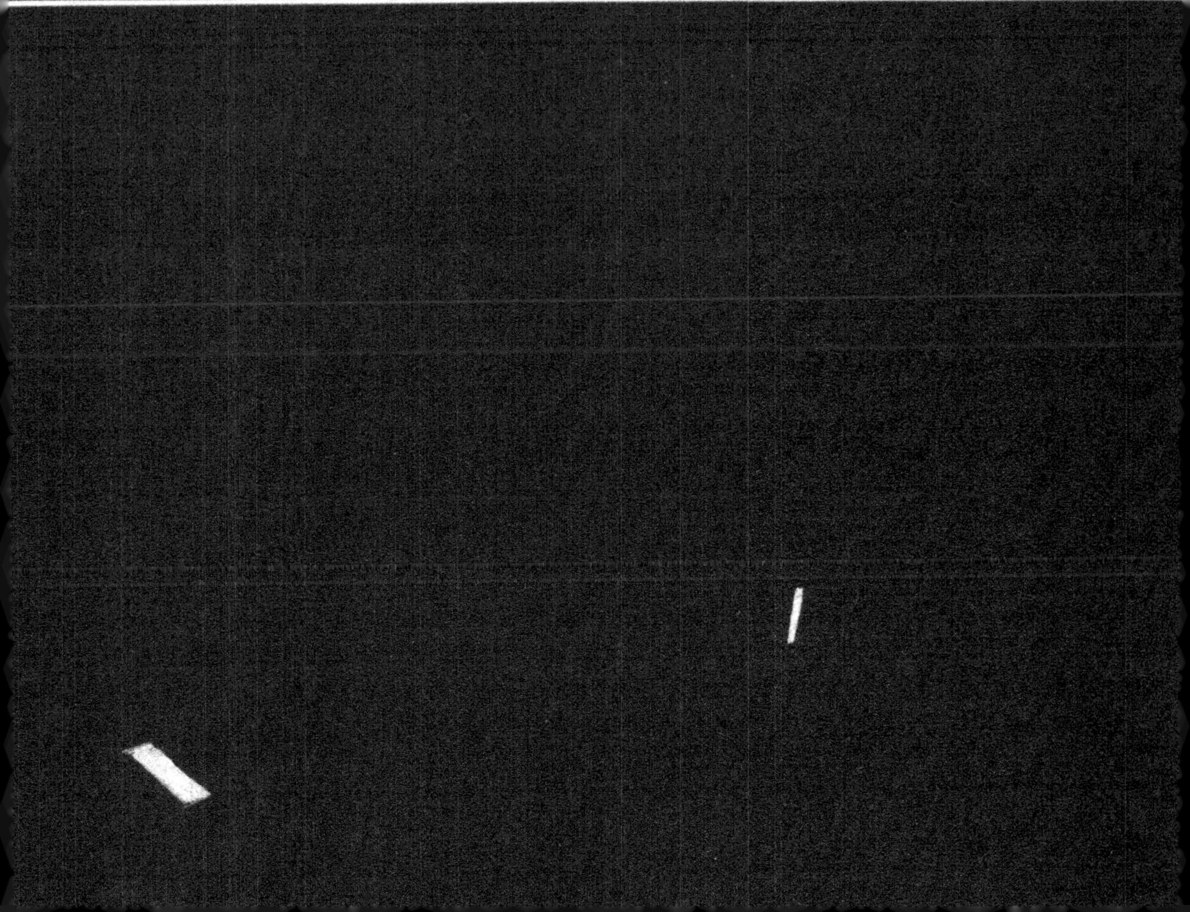

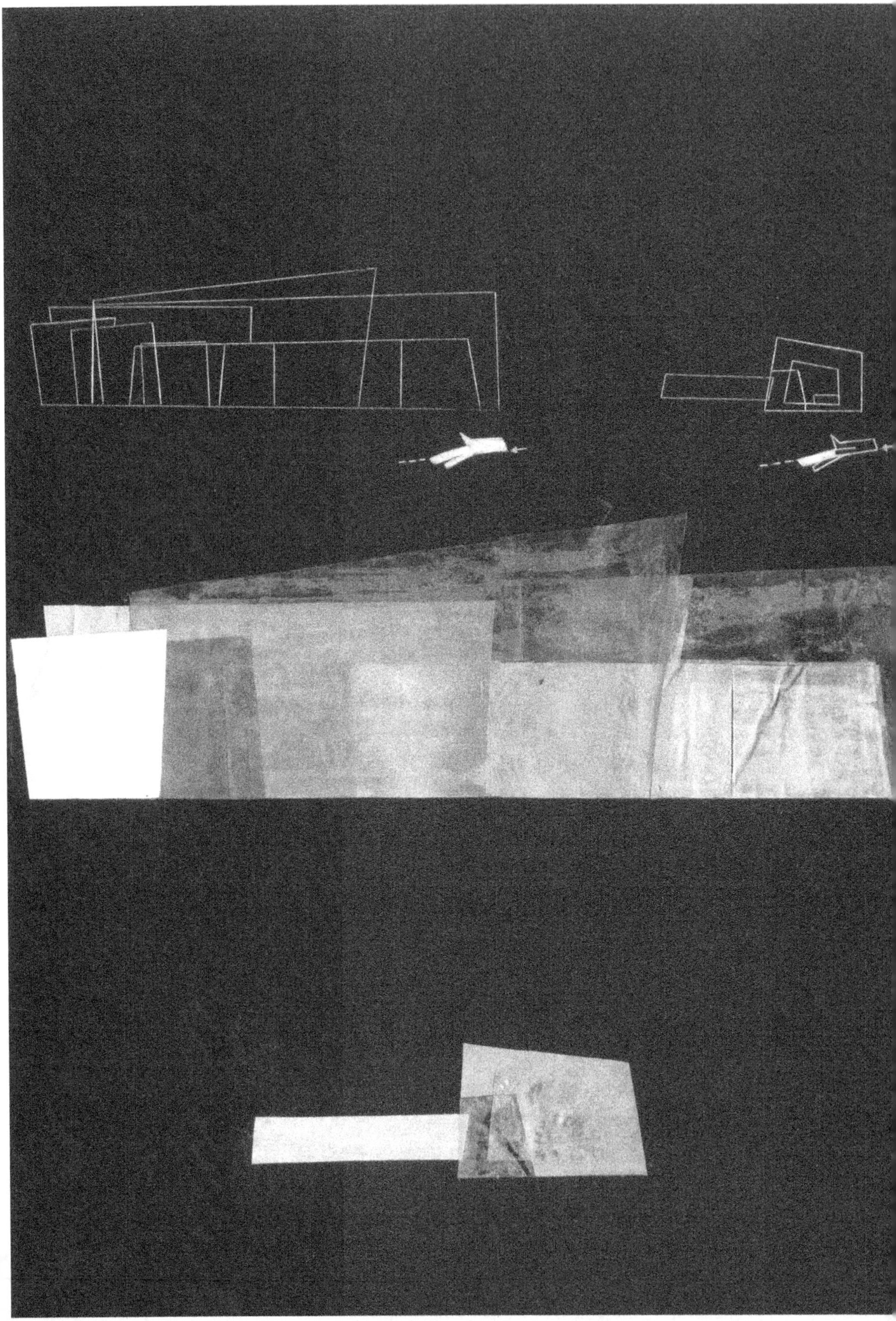

Mittel werden, weil die darzustellende Ordnung sich in den Bereich der ‚Unordnung', das heißt des Aschematismus und des Verborgenen verschoben hat, ist es listig, statt eines Ordnungsbildes ein Störungsbild[18] herauszuarbeiten.
In den Schwarz-in-Weiß und Weiß-in-Schwarz-Bildern werden nur zur dominanten Längsrichtung quer verlaufende Gebäudeteile gezeigt, materielle wie immaterielle, vom Licht erzeugte, Tag- und Nachtsituation des Erdgeschosses und des Obergeschosses.
Eine Klärung kann auch dadurch in Gang gesetzt werden, daß der Grundriß durch serielle Zeichnungen ersetzt wird, der *alles* enthaltende Plan durch Bilder mit selektiver Information oder durch andersartige Schnittkonstruktionen, bei denen entlang einer Längsachse die Querelemente in transparenten Schichten übereinandergelegt werden und so ein Bild von Intensitätsschwankungen erzeugen.
Außen gibt es nur die Farbe Grau. Alle farbigen Wände stehen quer im Feuerwehrhaus, wie Schrittbremser und visuelle Einfänger, mitten in den Weg gestellt. Blickschlucker. Könnten sie in dieser architektonischen Ordnung eine ähnli-

Abb. S. 63-64

che Rolle spielen wie Säulenkapitelle im Kreuzgang? Gebaute Einladungen zum Innehalten, Verweilen, Eintauchen, Erinnern? Jene sind zwar nur indirekte Schrittbremser, seitlich der Vorbeigehenden aufgereiht. Dafür spricht ihre Figürlichkeit stärker an, ist ihre Verführungskraft zum Stehenbleiben aufdringlicher. Oder könnte die Präsenz der farbigen Querwände die Wirkung von abstrakten Bildern der modernen Tradition fortführen? Nicht mehr nur als Schmuck des Gebauten, sondern als Gebautes selber? Sind Verletzungen dieser farbigen Wände, wie seitlich hineinlaufende Brüstung und Sturz, oder Verunreinigungen, wie die auffällige Steckdose auf der goldenen Wand, die erst auf den zweiten Blick in den Hintergrund treten, Bildverschmutzungen, der Preis für ihre Verwandlung von Beiwerk in Bauwerk ?

10

Die üblicherweise gar nicht erst in Frage gestellte Auffassung, daß gezeichnet werden könne, was da ist, und daß sich problemlos unterscheiden ließe zwischen *dem, was da ist* und *dem, was nicht da ist,* scheitert immer wieder.

Was-da-ist und *Was-nicht-da-ist* erhalten eine neue Dimension.

Der Hypothese, daß man nur sehe, was man schon kenne – das also, was schon einen Namen hat –, wird hier steinhart widersprochen. Die Wirklichkeit ist der Vorstellung wie der sprachlichen Repräsentation einen Schritt voraus. Das Faktische hat das Sprachliche einfach überholt. Faszinierend und skandalös zugleich.

Wir haben festgehalten, daß es hier gewisse ‚Etwas' gibt, neue Zwischenkategorien dessen, was da ist – nicht nur andere, fremdartigere Wände und Decken, auch Verbindungen, Verwerfungen, Vertiefungen, Verletzungen, Bruchlinien, Auflösungen, Lichtzeichnungen, die je nach Standort und Gebrauch des Hauses präsent sind, materiell die räumliche Situation umzeichnen, ohne daß die Grenzen ihrer Reichweite im Raum leicht zu klären wären.

Wir kennen die Grenzen nicht, weil keine gezogen sind. [...] wir können – für einen besondern Zweck – eine Grenze ziehen. Machen wir dadurch den Begriff erst brauchbar? Durchaus nicht! Es sei denn, für diesen besondern Zweck.

Ludwig Wittgenstein

Aber *Was-da-ist,* die schon gebaute Realität, widersetzt sich nicht nur sprachlich und zeichnerisch einfacher Darstellbarkeit, es zeigt sich auch in der Nacht ganz anders als am Tag. Die Nachteindrücke sind deswegen so wichtig, weil die Wirkungen und selbst die Ausmaße des Hauses sich gewaltig zu verschieben beginnen.

Das wird durch die Schwierigkeit verschärft, die exakten Stellen zu bestimmen, wo das Gebäude eigentlich beginnt oder aufhört. Das Haus ist kein eindeutig begrenzter Körper. Einzelne seiner Flächen oder Linien, nur vage oder lose verknüpft, ragen weit vor, die letzte Spitze bis zum Ende des benachbarten Riesenvolumens von Alvaro Siza, oder liegen abgesondert am Boden, ums Haus verstreut. Bodenzeichnungen und Lichtlinien halten sich nicht an die ausmachbaren engeren Grenzen des Körpers. Sie bewegen sich quer und übers Gebäude hinaus, entlang den Böden, Decken, Wänden. Betonte Flächen und Linien scheinen einem ganz anderen, viel mächtigeren virtuellen Körper anzugehören.

11

Eine ganz andere Strategie verfolgt, wer der Einbildungskraft folgt, ausgelöst an einem bestimmten Ort, die, wie Bachelard behauptet[19], an ihrem äußersten Ende wie eine Flamme arbeite. Die Träumerei sei es, die schon umgewandelte Formen noch ein zweites Mal umwandle. Dort müsse das Geheimnis der Energieumwandlung gesucht werden.

Die Einbildungskraft arbeitet an ihrem äußersten Ende wie eine Flamme, und in der Zone der Metapher der Metapher, in der Zone des Dadaismus, wo der Traum, wie Tristan Tzara richtig sah, der Versuch eines Experiments ist und in der die Träumerei schon umgewandelte Formen noch ein zweites Mal umwandelt, gilt es, das Geheimnis der Energiemutationen zu suchen. [...] In Versuchung zwar, einer persönlichen Anarchie zu verfallen, aber doch gezwungen zur Verführung des anderen.

Gaston Bachelard

Gegen den Traum setzt Bachelard die Träumerei, das Tätig-Sein der Einbildungskraft: als die psychische Produktivkraft, die für die Aufrechterhaltung des psychischen Subjekts zeichnet und zugleich die Grenzen seiner geistigen Reichweite anzeigt. Wie weit reicht das innere Feuer der Einbildungskraft, wie weit am Horizont liegen die äußersten Experimentierplätze von Zerlegung und Neuzusammensetzung von Erfahrungen?

Die Träumerei arbeite „sternförmig", sagt Bachelard, sie komme „immer wieder auf ihren Mittelpunkt zurück, um neue Strahlen auszusenden"[20]. Dieser Mittelpunkt ist meist ein faszinierendes Objekt. In Zaha Hadids Feuerwehrhaus gibt es einige faszinierende Objekte, die die Einbildungskraft anziehen und einen solchen Mittelpunkt für die ausschweifende Kraft der zweiten Art des Träumens abgeben.

Inmitten all der dynamischen Linien und Formen ist mindestens die goldene Wand ein solcher Mittelpunkt, etwas, das die Zeit stillstellt, von dem aus die Träumerei beginnt und zu dem sie immer wieder zurückkehrt. Zu sehen ist sie nicht sofort und nicht in ihrem gesamten Ausmaß. Vor ihr stehen Raumteiler, die zu ganz

Abb. S. 70-72, 74-77

ungeordnetem Gehen verführen. Und immer wieder ist ein Stück von der Goldfläche zu sehen. Diese Wand sollte nach Zaha Hadids Vorstellungen an der Oberfläche in wirklichem Gold ausgeführt werden. Sie ist geladen, raumgroß, und der Boden sinkt zu ihr hin ab. Lichtschlitze und Lichtblitze seitlich und an der Decke weisen in ihre Richtung. Selbst die Wege zu ihr hin sind durch die aufgesplitterte Wand des in diesen Raum hineingreifenden Nachbarkörpers vervielfacht, obwohl man sich trotzdem nur in einem Körper befindet, dessen Ende die schimmernde Wand ist. Die Goldwand ist wie ein kleines Rom in diesem kleinen Universum, Mitte und Endpunkt der Promenade. Sie ist wie das schwarze Quadrat, wie das weiße Quadrat, wie Yves Kleins Blau oder Mark Rothkos Rot, nur gebaut! Ein Sammelbecken für die Elemente zur Konstruktion eines Erinnerungsraumes, ein Zeitraffer, der diese aus unterschiedlichen Zeitschichten stammenden Elemente bündelt. Also ist sie ein Ort einer anderen Zeitkonstruktion, ein Raum, der mit verschieden langen Fangarmen in die unterschiedlichen Orte und Ereignisse der Geschichte der Bilder hineinreicht. Die goldene Fläche ist ein gedanklicher

Bauplatz, genauer, ein Ort des Umbaus, an dem Ausschnitte der Geschichte zerlegt und assoziierte Elemente neu zusammengesetzt, in einzigartiger Weise neu verknüpft werden. Monreale[21] und Mark Rothko. Oder Monreale und Malevich. In der Nacht wird sie zum fernen, verdoppelten Horizont einer dumpf bewegten schwarzen Meeresoberfläche. Im Zusammenspiel von Licht, metallenen Oberflächen und Glas scheinen Bachelards Produkte der Träumerei in den drei Dimensionen des Raumes auf, fragil und mächtig, wuchtiger als die Tageswelt, erscheinen die Bewegungen von Blicken und Füßen als blitzschnelle Konstrukteure ungeheurer Raumverwandlungen. Jetzt, in der Nacht, verfügen Imagination und entwerferische Lust über ein anderes Instrumentarium: Promenieren wird Entwerfen, Sprünge durch den Raum erproben neue Perspektiven, zeichnen räumliche Verhältnisse um, redimensionieren Wirkungen. Bewegungen zu Fuß erzeugen neue Bewegungen im Kopf, zaubern andere Schichten räumlicher Charaktere in die nächtliche Wirklichkeit, verbinden dieses Haus mit immer mehr verwandten Bildern aus der Erinnerung. Jetzt erst wird offensichtlich, daß die

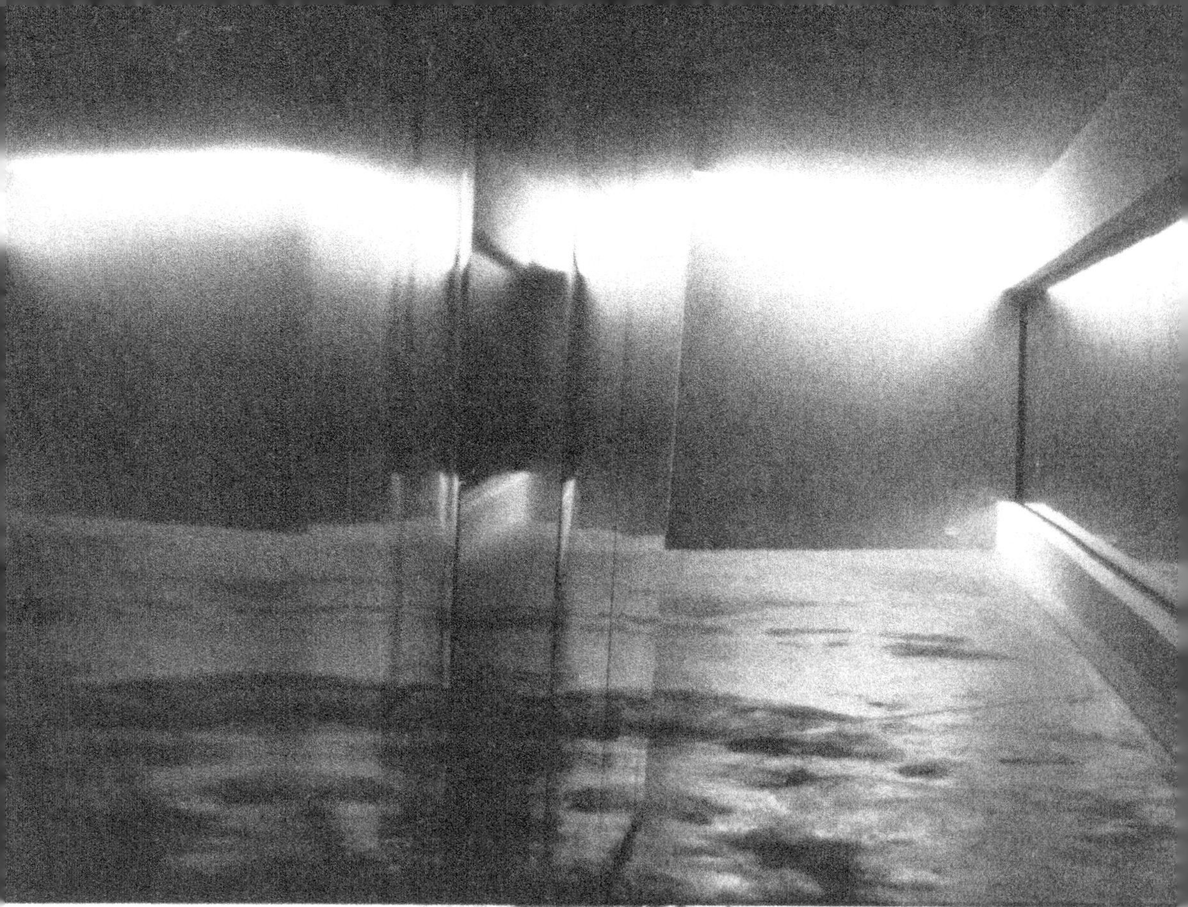

Eigenschaften des gebauten Raumes bei Tag, die Verwerfungen, Risse, undefinierbaren Fragmente, die verborgenen Verbindungen der konstruktiven Teile durch Wahl und Zusammensetzung der Materialien nur der erste Schritt zur Entfaltung ihrer Vervielfachung in der Nacht sind.

Eine andere Skurrilität ist das Zusammenspiel zwischen dem riesigen, vorerst versteckten, horizontalen Fenster links im selben Raum und dem extrem schmalen und langgezogenen, vor ihm liegenden Dreiecksraum. Ein Fenster, das den Blick auf eine riesige stumme graue Betonwand freigibt. Die Distanz zwischen Fensterglas und Betonwand reicht von Null bis zu wenigen Metern. Bei nur kleiner Öffnung der Glaswand kann man gar nicht hinaustreten, man muß die schwere Glasschiebetür schon ein gutes Stück zur Seite schieben, damit das Durchschlüpfen möglich wird. Von draußen ist die Glasfläche erst gar nicht zu sehen, nur die im Winkel zusammenlaufenden Betonkörper. Hier hat es die Träumerei schwieriger. Die Einbildungskraft kommt in höchste Spannung, jedoch finden die züngelnden Flammen nur schwer Material, an das sie ihre Kraft vergeuden könnten. Wo

Abb. S. 80-83

hat man schon je ein immenses Fenster gesehen, sogar mit Ausgang, das den Blick, statt ihn freizugeben, auf härtestem, undurchdringlichstem Material abprallen läßt. Oder muß man besser umgekehrt denken? Geht es hier gar nicht primär um ein Fenster und um Aus- oder Einblicke, sondern um eine neuartige Raumschöpfung? Gefangennahme eines Raumes? Eines schmalsten dreieckigen Raumes, geschaffen aus der Polarität von Wand und Fenster? Das gilt von innen. Von außen ist das nicht zu erkennen, wenigstens nicht aus der Ferne. Von dort gesehen, handelt es sich um einen üblichen Zwischenraum. Erst beim Sich-in-die-Spalte-Quetschen beginnt der Raum. Erstaunlich, daß Raum hier plötzlich mindestens einen Wesenszug radikal ändert. Wenn Raum normalerweise etwas ist, in dem man sich befindet, wird er hier plötzlich zum Objekt des voyeuristischen Blicks. Der Raum wird tatsächlich zum Objekt, sogar zu einem gefangenen, das man beobachtet wie ein gefährliches Tier, um das man herumgeht, an dem man, durch Glas getrennt, entlangschleicht, vor dem man hin und her geht, um zu sehen, wie es von der Seite her aussieht. Ein merkwürdiger Rollen-

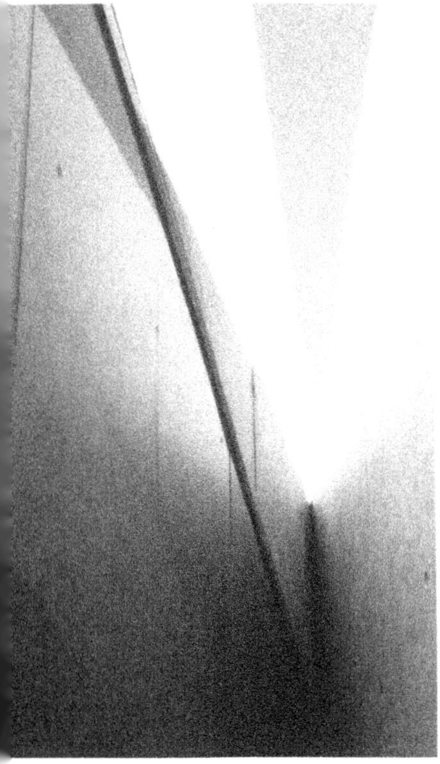

tausch. Man ist nicht mehr von Raum umfangen, man studiert das eingefangene Tier, umfängt den Raum mit seinen Blicken.

12

Daß etwas auf dem Spiele stehen müsse, um eine Erfahrung machen zu können, wie Dewey sagt[22], ist in Zaha Hadids Feuerwehrhaus immer wieder neu gegeben. Zur Erhitzung von Kopf und Gemüt tragen nicht nur das Versagen des eingeübten Blicks und zeichnerischer Fertigkeiten bei, sondern auch jener durch Hin- und Hergerissensein zwischen Frustration und Eroberungswille hervorgerufene Zwiespalt, der den Raum der Erfahrung in der subjektiven Dauer erst erzwingt und eröffnet. Und erst jetzt, nach Entmachtung der automatisierten Wahrnehmung, nachdem der Identifikation die Objekte zum Nicken und Weitergehen abhanden gekommen sind, werden Phantasie und Denken gezwungen, listenreiche andere Wege zu erproben. Wie immer wir diese Entmachtung der Sicherheit des professionellen Gebarens genannt haben, das Versagen konventioneller Analysemethoden, das Fehlschlagen der Rekonstruktionsversuche, ja sogar des exakten Benennens der Elemente dieses Hauses, die Befreiung, das Sich-Bewegen im Raum zwischen Nicken und Tun, ist immer aufreibend.

Wiederkennen bedeutet Wahrnehmung, die zum Stillstand kommt, bevor sie die Gelegenheit zur freien Entfaltung findet.

John Dewey

Und für dieses Aufgeriebenwerden, für diese Befreiung aus den Diktaten üblicher Lektüreanweisungen sorgt Zaha Hadids Feuerwehrhaus. In der Tat liegt das radikalste Moment der Befreiung in dessen Potenz, das sonst tief verborgene, unter die Bewußtseinsschwelle gefallene Verhältnis zwischen gebrauchter Sprache und Wirklichkeit stets erneut ans Licht zu zerren. So zwingen seine Eigenarten, Teile des abgekarteten architektonischen Vokabulars auf deren unscharfe Grenzen[23] zurückzuführen. Die einst so klaren, unbezweifelt feststehenden, in ihrer sorglosen Anwendung harmlos erscheinenden Begriffe werden – hier hilft uns eine andere Wittgensteinsche Ausdrucksweise – zu Begriffen „mit verschwommenen Rändern"[24].
Sind denn zum Beispiel zwei aufeinander zulaufende Teile, zwischen die man eine Hand hineinstrecken kann, noch Wände, die eine Ecke bilden? Zwischen Fuge und Zwischenraum eröffnet dieser Bau ein nie dagewesenes Repertoire an Zwischenmöglichkeiten, für die es noch gar keine Namen gibt. Wieviel darf

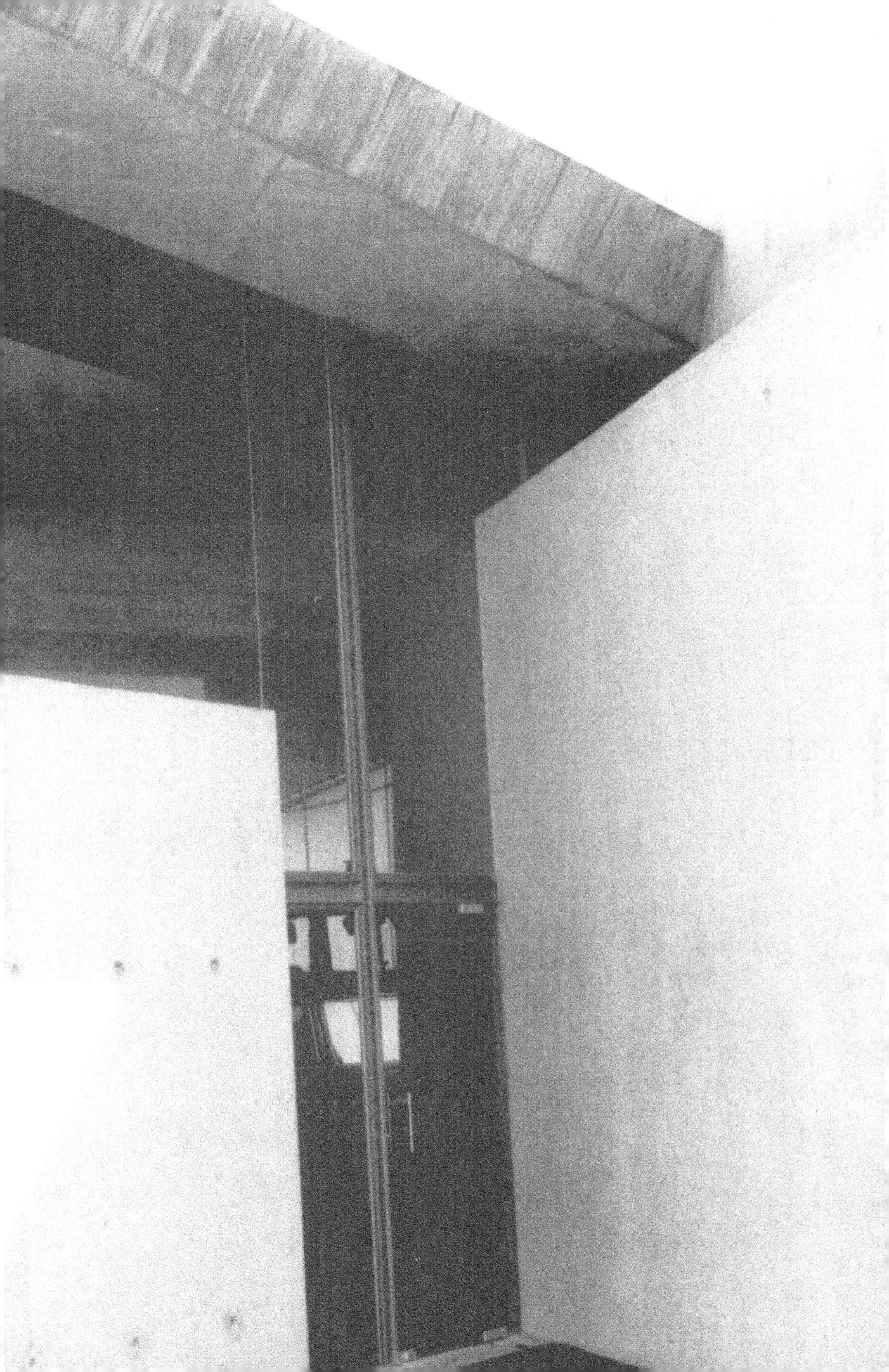

ein Blick ins Dazwischen freigeben, damit noch von einer Fuge gesprochen werden kann, wieviel, daß von einem Zwischenraum gesprochen werden muß? Wird diese Unterscheidung zur Ermessensfrage? Sind diese metallglänzenden Möbel im Erdgeschoß wirklich eindeutig Möbel oder eher ausgeschnittene und verschobene, aus der Reihe tanzende Wandteile, in denen dies oder das verstaut wird? Ist diese riesige Glasscheibe, hinter welcher die graue Betonwand leicht schief verläuft, wirklich noch als Fenster zu sehen? Ein so großes Fenster, nur dazu da, den Blick auf eine noch größere, aufdringlich direkt davor stehende graue, nackte Betonwand freizugeben? Ist ein Fenster überhaupt noch ein Fenster, wenn anstelle irgend eines Ausblicks das Anblicken einer Verbarrikadierung des Ausblicks erzwungen wird? Ist der imposante nächtliche Raum auf der Rückseite, komponiert mit ausgewähltem Licht, den beiden Glasfassaden, dem spiegelnden Teil der draußen liegenden Bodenfläche mit fest aufgebautem Tisch und Bänken genauso wirklicher Teil des Projekts oder nur dessen Nebenprodukt? Ist die Erscheinung des nächtlichen Fußbodens des unteren Hauptraumes wie aufge-

Wir neigen dazu zu vergessen, daß es allein der besondere Gebrauch eines Wortes ist, der dem Wort seine Bedeutung gibt.

Ludwig Wittgenstein

weichter Asphalt Teil der beabsichtigten Bilderproduktion dieses architektonischen Bildzauberers?

Anschließend an die Einführung des Ausdrucks „Begriff mit verschwommenen Rändern" fragt Wittgenstein: „'Aber ist ein verschwommener Begriff überhaupt ein *Begriff*?' – Ist eine unscharfe Photographie überhaupt ein Bild eines Menschen? Ja, kann man ein unscharfes Bild immer mit Vorteil durch ein scharfes ersetzen? Ist das unscharfe nicht oft gerade das, was wir brauchen?"[25]

Ähnlich könnten wir fragen: Ist es nicht so, daß erst dann, wenn ein Begriff oder das „angehängte Namenstäfelchen" mit dem Benannten nicht mehr widerspruchslos zusammenpaßt, diese fruchtbare doppelte Schwierigkeit beginnt? Eine mit dem Sprechen oder Besprechen von etwas und eine mit dem Besprochenen? Daß dieses zweifache Stolpern erst zu einem Sehen oder Hinschauen zwingt, das Züge eines Zum-ersten-Mal-richtigen-Hinschauens trägt? Daß dieses erneute Hinschauen viel weitere Kreise durch die Räume des Vorstellens, Vergleichens, Erinnerns zieht? Daß ein heftigeres Absuchen dieser Räume nach vergleichba-

Denke an Wörter, als seien sie Instrumente, die durch ihren Gebrauch charakterisiert werden, und dann denke an den Gebrauch eines Hammers, den Gebrauch eines Meißels, den Gebrauch eines Winkeleisens, den Gebrauch eines Leimtopfes und des Leimes.

Ludwig Wittgenstein

rem Material mehr Stoff zur Untersuchung zu Tage fördert? Daß nicht nur Vergleichbares, sondern auch Entgegengesetztes, kontrastierende Ideen zum Verstehen herangezogen werden? Daß die darauffolgenden Versuche, das Gesehene in Worte zu kleiden, mich auf einmal viel direkter mit Wahrnehmen und Sehen verbinden? Oder mit dem ganz einfachen Von-vorne-Beginnen und Fragen-stellen?

13

Wörter und Sätze konstruieren Denkräume, die logischen oder nicht-logischen, dramatischen, behaglich erzählenden, didaktischen, erheiternden, enthüllenden oder verbergenden Charakter haben. Mit Wörtern und Sätzen wird gebaut, werden Denkgebäude beschworen oder eingerissen, wird aufgeklärt oder verführt, wird zielgerichtet geführt, oder das Ziel durch ein Verwirrspiel aus den Augen verloren. Roland Barthes unterscheidet zwei Arten von Text: den *Text der Lust* und den *Text der Wollust.*[26] Sie entsprechen zwei Arten des Denkens, des Vorstellens, des Konstruierens von Denkräumen. Um vorschneller oder falscher Klarheit vorzubeugen, ergänzt Barthes, daß die

Unterscheidung zwischen beiden Texten schwanke, daß er darüber immer wieder stolpere, daß es auf jeden Fall immer eine bestimmte Unentschiedenheit gebe. Barthes spricht von einem ‚knirschenden' Paradigma – die Lust werde zuweilen auf die Wollust ausgedehnt und sei dieser manchmal entgegengesetzt. Mit dieser Zweideutigkeit müsse man sich abfinden, denn einerseits brauche es eine „besondere ‚Lust'", um sich andererseits „auf einen Exzeß [...] beziehen zu können", auf dasjenige, was in einem Text das reine Funktionieren sprenge.

Den *Text der Lust* kennzeichnet, daß etablierte Beziehungen zwischen Wörtern und Inhalten bestehen bleiben, die Erzählstruktur in einer logischen zeitlichen Abfolge organisiert, die Lektüre also zielgerichtet ist, daß das Lesen die Fixpunkte des Textes ansteuert, die Summierung dieser Merkpunkte die Stationen der Entschleierung des Sinns markiert und diesen allmählich preisgibt. Mit anderen Worten: Der *Text der Lust* ist „an eine behagliche Praxis der Lektüre gebunden"[27]. Diese Art Praxis nimmt einen ‚an die Hand', führt durch den Text, befriedigt. Ganz anders der *Text der Wollust.* Behaglichkeit hat ausgedient. Der Denkraum der Wollust ist Echoraum, Raum der Assoziationen, tanzender Raum. Der *Text der Wollust* versetzt in den „Zustand des Sichverlierens"[28], erregt, gebiert Unbehagen, Ungeduld, hin bis zur Langeweile. Er bringt das „Verhältnis zur Sprache in eine Krise"[29].

Was für Texte gilt, gilt auch für Bilder, Musik, Architektur. Zum Beispiel für das Schwarze Quadrat: der Schock der Auflösung der vertrauten Beziehung zwischen Material und Sinn, Darstellung und Inhalt, das Prinzip der Repräsentation verletzt, eine frühe Verweigerung, das Bild als einfach zu verstehende Vorlage zur Dekodierung oder Entschleierung von Sinn zu begreifen. Das Schwarze Quadrat ist wie ein Barthesscher Text der Wollust. Dessen Lektüre führt in einen offenen, potentiell unendlichen Vorstellungs-, Denk- oder Gedächtnisraum. Keine Anweisungen mehr!

Der *Text der Wollust,* sagt Barthes, sei „Lust in Stücken" und „insofern pervers", als er „außerhalb jeder vorstellbaren Finalität" sei, sogar derjenigen der Lust.[30] Dieser Text sei ein „Gewebe", nicht aus einem „fertigen Schleier", hinter dem sich der Sinn verberge oder die

Wahrheit sich aufhalte. Der Text entstehe „durch ein ständiges Flechten" und bearbeite sich selbst[31] – ein Gewebe oder ein Bild, ein Bauwerk, eine Stadt, eine Landschaft, in die sich die Subjekte verlieren wie Jackson Pollock in seine Bilder.

Le Corbusier könnte genau dieses Barthessche Paradigma vor Augen gehabt haben, als er das Begriffspaar machine à habiter und machine à émouvoir setzte.[32]

Gewisses am Sehen kommt uns rätselhaft vor, weil uns das ganze Sehen nicht rätselhaft genug vorkommt.

Ludwig Wittgenstein

Er nennt dieses Sich-Verlieren auch Entdecken. In *Modulor 2* schreibt er: „... dann erhielt ich einen Zeichenlehrer [L'Eplattenier, EB], den ich verehrte [...] und der uns veranlaßte, zu entdecken. Entdecken ist das richtige Wort. Anfangen, zu entdecken. Eines Tages zu entdecken und nicht mehr aufhören, zu entdecken."[33] Nur eine andere Art, das Sich-Bewegen im Denk- oder Wahrnehmungsraum der Wollust zu beschreiben. Der Text der Wollust *ist* die ‚machine à émouvoir' und Zaha Hadids Feuerwehrhaus das Paradebeispiel einer solchen Erregungsmaschine. Es schreibt diese Corbusiersche Tradition fort.

Was unterscheidet die *machine à émouvoir* von der *machine à habiter*? Daß ein Haus eine *ma-*

Aber eines Tages [...] ein Gefühlsaufschrei. Und plötzlich ist nicht mehr die Rede von Nützlichkeit, sondern von Liebe; [...] Jetzt handelt es sich um Poesie. Und was übrigbleibt von den menschlichen Unternehmungen, ist nicht das, was einem Zwecke dient, sondern das, was die Menschen bewegt.

Le Corbusier

chine à habiter sein, also funktionieren soll, ist Le Corbusier selbstverständlich. Mit *machine à émouvoir* bezeichnet er hingegen dasjenige an der Wohnmaschine, das das reine Funktionieren sprengt, das, was in Erregung, in emotionalen Aufruhr versetzt. In *Extraits de l'architecture vivante* bemerkt er, wenn Architektur sich darauf beschränke, *machine à habiter* zu sein (also zu funktionieren wie ein *Text der Lust,* der Sinn macht), so wie es Sinn macht, die Treppe zu verwenden, um zwei übereinanderliegende horizontale Ebenen miteinander zu verbinden, dann sei sie tote Architektur, zähle nicht, gebe dem Menschen keine geistige Nahrung und müsse darum wirkungslos bleiben. Denn Architektur beginne jenseits der Wohnmaschine.[34]
Ähnlich beschreibt Barthes Wollust nicht als das, was auf das Verlangen antwortet und es befriedigt, sondern es überrascht, überschreitet, ablenkt, ableitet. Daß ein *Text der Lust,* den er auch Plappertext nennt, ihn langweile, liege daran, daß er den Bedarf, im Gegensatz zur Begierde, die zum *Text der Wollust* gehört, nicht möge. Dieses „Plappern" sei „nur jener Sprachschaum, der sich aufgrund eines bloßen Schreibbedürfnisses bildet"[35].

Man legt mir einen Text vor. Der Text langweilt mich. Man könnte sagen, er plappert. [...] Hier hat man es nicht mit Perversion zu tun, sondern mit Bedarf. Beim Schreiben seines Textes nimmt der Schreiber eine Säuglingssprache an: sie ist imperativ, automatisch, lieblos, ein kleines Debakel von Schmatzern [...]. Kurz, man kann sagen, ihr habt diesen Text bar jeder Wollust geschrieben; und dieser Plappertext ist im Grunde frigide wie jeder Bedarf, bevor sich in ihm die Begierde bildet, die Neurose. Die Neurose ist eine Notlösung: nicht in bezug auf das „Gesundsein", sondern in bezug auf das „Unmögliche", von dem Bataille spricht ...

Roland Barthes

Denn der Text – oder das Bauwerk, könnten wir hinzufügen – „muß mir beweisen, *daß er mich begehrt*"[36]. Geschaffen werde ein „Raum der Wollust. [...] die Möglichkeit einer Dialektik der Begierde, [...] daß das Spiel noch nicht aus ist, daß es zu einem Spiel kommt"[37].

Die Architektur ist eine Verkettung aufeinanderfolger Ereignisse, [...] die so erregend sind, daß sie tiefste physiologische Erschütterungen hervorrufen ...

Le Corbusier

Um zum banalen Beispiel der Treppe zurückzukehren: Le Corbusier hat eben diese nützliche Einrichtung mit dem Begriff der ‚promenade architecturale' in den Raum des ‚l'infiniment perceptible' – des nie ganz wahrnehmbaren Unendlichen des Werkes – hin erweitert, das sein Potential im Verlaufe eines fortwährenden Wahrnehmungsspiels vielmehr in unendlich sich verändernden Perspektiven als endgültig preisgibt. Dieses Wahrnehmungsspiel ist nie abgeschlossen, nicht zielorientiert. Es ist aufregend, bestürzend oder anödend langweilig. Es bewegt sich in einem undurchschaubaren und unberechenbaren Raum und hängt ab von den Lesern und Benutzern ebenso wie von der Verführungskraft eines Bauwerks selbst.

Ein so aufgefaßtes architektonisches Werk ist von der Art des Feuerwehrhauses, es hält immer neue aufeinanderfolgende Erschütterun-

Aus trägen Steinen baut die Leidenschaft ein Drama.

Le Corbusier

gen bereit. Woran es liegt? "... weil die verschiedenen Wirkungen des Bauwerks", wie Le Corbusier schreibt, „nur in dem Maße greifbar werden, wie uns unsere Schritte hindurchtragen, wie sie uns hinstellen, uns weiterführen und unsern Blicken die Weite der Mauern und Perspektiven darbieten, das Erwartete oder das Unerwartete hinter den Türen, die das Geheimnis neuer Räume preisgeben, das Spiel der Schatten, der Halbschatten oder des Lichts ..."[38]

Und niemals hat das wirklich große architektonische Werk [...] sein letztes Wort gesprochen ...

Le Corbusier

Das Spiel mit der Architektur umfaßt jeden Schritt zu Fuß und im Kopf, innen und außen, alle Themen der Architektur, auch die konventionellen – Farbe, Material, Konstruktion, Licht, Oberfläche, Raumbeziehungen, Bewegungsführung, Landschaftsbezug, Schwellen oder Raumübergänge – wie bei einer mehrstimmigen Partitur: die Einsätze der verschiedenen Instrumente, deren Intensität, vor allem aber ihr Zusammenspiel, das Lauter- oder Leiserwerden, das Zusammen-Sprechen, Unscharf-Sprechen oder Schweigen der architektonischen Elemente.

Das Verführtwerden in den Raum der Wollust, dieses In-Gang-Kommen der *machine à émou-*

voir, der Eroberungskampf im *Text der Wollust* ist ein Herstellen, Wahrnehmen, Denken und Enträtseln von Architektur, das einem vervielfachten Flanieren und Stolpern gleicht: einem buchstäblichen ebenso wie einem in der Sprache und im Sprechen, im Wahrnehmen, Erkennen und der Imagination.

Architektur, die *machine à émouvoir* sein will, hat le Corbusier zufolge einen dreifachen Auftrag: „servir à la bête, et au coeur, et à l'esprit"[39], sie bringt nicht nur Herz und Geist in Aufruhr, sondern auch das Tier im Menschen.

Anmerkungen

1 Coop Himmelblau, Architektur ist jetzt, Stuttgart 1983, S. 91
2 Gaston Bachelard, Psychoanalyse des Feuers, Frankfurt a.M. 1990, S. 15
3 A.a.O., S. 61
4 A.a.O., S. 77f
5 John Dewey, Kunst als Erfahrung, Frankfurt a.M. 1988, S. 51
6 Ludwig Wittgenstein, Philosophische Untersuchungen, in: Werkausgabe Bd.1, Frankfurt a.M. ^{5}1989, S. 252
7 Vgl. a.a.O., S. 239.
8 John Dewey, a.a.O., S. 67
9 A.a.O., S. 34
10 Ludwig Wittgenstein, a.a.O., S. 518, 549
11 Vgl. a.a.O., S. 523; vgl. auch John Dewey, a.a.O., S. 103
12 Vgl. John Dewey, a.a.O., S. 80
13 Vgl. a.a.O., S. 67ff
14 Vgl. a.a.O., S. 360, 376
15 Ludwig Wittgenstein, a.a.O., S. 296
16 Vgl. Roland Barthes, Fragmente einer Sprache der Liebe, Frankfurt a.M. 1984, S. 15
17 Notiz des Verfassers der Zeichnungen S. 51
18 Vgl. Detlef B. Linke, Neuroästhetik, Aschematismus und Kreativität, in: Kunstforum International, Bd. 126, 1994, S. 172
19 Vgl. Gaston Bachelard, a.a.O., S. 144
20 A.a.O., S. 22
21 Dom (12. Jh.) in Monreale bei Palermo
22 Vgl. John Dewey, a.a.O., S. 81
23 Ludwig Wittgenstein, a.a.O., passim
24 A.a.O., S. 280
25 ebd.
26 Roland Barthes, Die Lust am Text, Frankfurt a.M. ^{7}1992, S. 8f, 22, 30f, 77ff
27 A.a.O., S. 8f, 22, 30
28 A.a.O., S. 22
29 ebd.
30 A.a.O., S. 77
31 A.a.O., S. 94
32 Vgl. Elisabeth Blum, Le Corbusiers Wege. Wie das Zauberwerk in Gang gesetzt wird, Braunschweig ^{3}1994, S. 25
33 Le Corbusier, Modulor 2, Stuttgart 1958, S. 310
34 Vgl. Elisabeth Blum, a.a.O., S. 25 (Le Corbusier et Pierre Jeanneret, Extraits de l'architecture vivante, série 1–7, Paris 1927–1936, S. 11)
35 Roland Barthes, a.a.O., S. 10f
36 A.a.O., S. 12
37 A.a.O., S. 10
38 Le Corbusier, An die Studenten, Die 'Charte d'Athènes', Reinbek bei Hamburg 1962, S.30
39 Le Corbusier, zit. in: Elisabeth Blum, a.a.O., S. 25

Bildquellen

Frank Felix	S. 38 (Foto), S. 57 rechts unten (Zeichnung), links oben (Foto), Doppelseite 58/59 (Zeichnungen und Foto), S. 68 links oben (Foto), S. 73 (Foto), S. 74 links oben (Foto), S. 75 oben und unten (Fotos), Doppelseite 76/77 (Foto), S. 86 (Foto)
Bart Gijzen	Umschlagseite 4 (Foto), Umschlagseite 2/S. 1 (Foto), Doppelseiten S. 6 – 23 (Fotos), S. 30 (Foto), S. 34 oben links und unten (Foto), S. 32 (Foto), S. 33 oben links (Foto), Doppelseite 36/37 (Foto), S. 50 rechts (Foto), S. 53 (Fotos), Doppelseite 80/81 (Foto), Doppelseite 90/91 (Foto), S. 93 (Foto), Doppelseite 94/95 (Foto), S. 96 (Foto), S. 105 (Foto), S. 112/Umschlagseite 3 (Foto)
Béatrice Hirschi	S. 63 (Fotomontagen)
André Meyer-Hans	S. 50 links oben (Foto), S. 51 (Skizzen)
Djurdja Petrina	S. 35 (Foto), S. 54 (Zeichnung), Doppelseite 70/71 (Fotomontagen), Doppelseite 82/83 (Fotos), S. 87 (Foto), S. 88 (Fotoausschnitt), S. 92 (Foto), S. 107 (Fotoausschnitt)
Sabine Rosenthaler und Lea Zimmermann	Umschlagseite 1 (Foto), S. 4 (Foto), S. 5 (Foto), S. 31 (Foto), S. 33 unten (Foto), Doppelseite 60/61 (Zeichnungen), S. 62 (Zeichnungen und Collagen), S. 64 (Foto), S. 89 (Fotoausschnitt)
Caspar Schärer	S. 45 (Collage), Doppelseite 46/47 (Collagen), S. 48 (Collage)
Vitra-Dokumentation	Doppelseite 110/111 (Situations- und Erdgeschoßplan)
	S. 55 (Postkarte © Richard Bryant)

GPSR Compliance

The European Union's (EU) General Product Safety Regulation (GPSR) is a set of rules that requires consumer products to be safe and our obligations to ensure this.

If you have any concerns about our products, you can contact us on ProductSafety@springernature.com

In case Publisher is established outside the EU, the EU authorized representative is:

Springer Nature Customer Service Center GmbH
Europaplatz 3
69115 Heidelberg, Germany

Batch number: 08567182

Printed by Printforce, the Netherlands